（日）吉田伸夫　著
朱悦玮　译

用量子理论解读
生命、宇宙与时间

辽宁科学技术出版社
·沈阳·

Original Japanese title: RYOSHI DE YOMITOKU SEIMEI·UCHU·JIKAN

Original Japanese edition published by Gentosha Inc.
Simplified Chinese translation rights arranged with Gentosha Inc.
through The English Agency (Japan) Ltd. and RuiHang Cultural Exchange Agency

著作权合同登记号：第06-2022-204号。

图书在版编目（CIP）数据

用量子理论解读生命、宇宙与时间 / (日) 吉田伸夫著；朱悦玮译. — 沈阳：辽宁科学技术出版社, 2023.6（2024. 10 重印）
ISBN 978-7-5591-2994-9

Ⅰ. ①用… Ⅱ. ①吉… ②朱… Ⅲ. ①量子论—研究
Ⅳ. ①O413

中国国家版本馆 CIP 数据核字 (2023) 第 075041 号

出版发行：辽宁科学技术出版社
（地址：沈阳市和平区十一纬路 25 号　邮编：110003）
印 刷 者：辽宁新华印务有限公司
经 销 者：各地新华书店
幅面尺寸：145mm × 210mm
印　　张：5.125
字　　数：150 千字
出版时间：2023 年 6 月第 1 版
印刷时间：2024 年 10 月第 2 次印刷
责任编辑：张歌燕
装帧设计：袁　舒
责任校对：徐　跃

书　　号：ISBN 978-7-5591-2994-9
定　　价：49.80 元

联系电话：024-23284354
邮购热线：024-23284502
E-mail:geyan_zhang@163.com

前 言

说起“量子理论”，大家首先想到的是什么呢？对科学稍微有些了解的人，或许会想起“薛定谔的猫”或者“平行世界”之类的话题。如果在大学学过物理课程的话，或许还会想起关于原子结构的微观世界理论。

不管怎样，这些都是与日常生活没有什么关系的理论，似乎是只有物理学家和一部分科学爱好者才会感兴趣的领域。

但实际上，量子理论与我们的生活有很深的联系。玻璃为什么是透明的？金属为什么有光泽？冰为什么比钻石更脆弱？食盐为什么会一下子溶于水中？这些都与量子理论有关，计算机和智能手机等 IT 设备的关键零件半导体，也是基于量子理论设计的。

此外，针对这个世界为何存在秩序这个最根源的谜题，量子理论也掌握着解答的关键。物体之所以有形状，是因为原子根据量子理论有规则地排列，组成晶体结构。如果从原子是波、特定的排列能够实现稳定的共振状态的角度来思考的话，就会很容易理解。波的效果在生命井然有序地活动时也能发挥出重要的作用。

如果想要理解世界究竟是什么，量子理论是必不可少的理论。如果没有量子理论，我们就完全无法搞清楚世界为什么会是现在这个样子。然而，绝大多数人都无法理解量子理论。除了量子理论本身非常难以理解之外，还有许多原因。

我自己在大学学习量子理论的时候也感到非常困惑，因为我完全无法具体地去想象究竟发生了什么。从原子结构和电子波束的行动来看，能且只能产生波，可是教科书却否定了“波真实存在”的看法。在历史上，认为波真实存在的薛定谔对自己的理论过度自信，因此进行了过度的解释，结果产生了致命的错误，所以遭到了构筑数学理论体系的海森堡的猛烈批判。但是，波这个简单易懂的明确想象为何被否定了呢?

直到学习了量子场理论之后，我才搞清楚原因。薛定谔认为波是一切物理现象的基础，约尔当和泡利虽然继承了薛定谔的波动力学理论，但他们的理论在当时因为不能进行具体的计算，所以被认为是派不上用场的无用理论。直到 20 世纪 70 年代，世人才发现波动力学理论是一切物理现象的基础。

一直到比我稍微年轻的一代人，在上学的时候用的都是量子场论被广泛接受之前的教科书。在这些教科书之中，波虽然是解决问题的线索，却只是在现实中并不存在的“辅助线”。但海森堡否定的只是薛定谔画蛇添足的部分，而约尔当提倡的波动场的思考方式应该是真实有效的。

本书就是从这个角度出发，不考虑海森堡等人通过数学构筑的量子理论，而是以爱因斯坦、薛定谔、约尔当等人提出的波动力学理论为基础对量子理论的现象进行解释。这有助于我们从根本上理解物理现象的本质。

目　录

第一部分 >>>

量子理论的神奇之处

第一章 量子离我们很近

我们生活的这个世界很美丽。但为什么美丽呢?

请想象一下，如果世界是这样的，你还会感觉美丽吗? 环顾四周，没有任何形状，只有像气体和淤泥一样不断变化形状的物体。像这样变幻莫测的混沌世界可能很难想象，但世界本来有可能就是这种样子的。

或许大家认为，物质有形状是理所当然的，没有形状是例外。但这其实只是依附在地球表面的人类的偏见罢了。纵观整个宇宙，绝大部分的物质都像等离子体（高温使原子电离成为荷电粒子的气体）和暗物质（因为没有电荷，所以无法形成原子的气体状物质）那样是没有形状的。

在重力的作用下呈球状的恒星，或者由星体和气体组合而成的呈漩涡状和球状的星系，也可以说是有形状的。但宇宙中的天体除了球状和漩涡状之外，没有以实现各种功能为目的的复杂几何图形。唯一能称得上规则的，大概只有球状分层的星体内部结构。

那么，为什么我们身边的物质能够长期保持复杂的形态，并且形成像生命体那样精妙的组织呢? 物理学中的“量子理论”能够回答这个问题。通过量子理论才能解释说明的物理现象被称为“量子效应”。利用量子效应，可以解释与物质相关的一切物理现象。物质有形状和体积，也是受量子效应的影响。我们生活的这个充满复杂且精妙结构的美丽世界，也是量子效应的产物。

量子效应和量子理论究竟是什么呢？首先让我们从量子效应的对比开始吧。

沙粒中无法诞生生命

被称为古典物理学规范的牛顿力学认为，物体按照运动公式进行运动。对于解释说明像时钟的机械运动和行星的公转这些存在固定规律的运动，运动公式是非常方便的理论，但对于复杂的结构产生的现象，运动公式就难以解释了。

即便在牛顿力学的世界之中（不考虑量子效应），也有某种“形状”出现。最典型的例子就是风纹。风纹指的是在覆盖着细小沙粒的沙漠和沙丘表现出来的带状花纹（沙粒的存在本身就是利用结晶的稳定性来维持形状的量子效应，但这一点暂时忽略不计）。

风纹形成的大致机制，可以用初级的物理学来进行说明（图 1-1）。假设在沙粒水平排列的区域中吹动同样方向的风，当风速超过临界值之后，沙粒就会沿着沙地表面移动，风速增加的话沙粒就会飞到空中。但

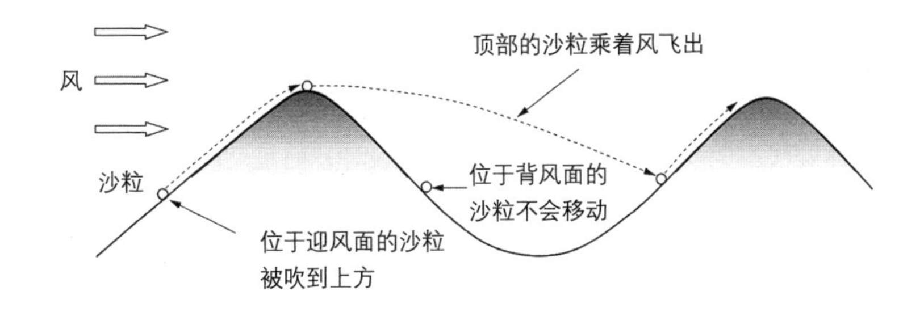

图 1-1　风纹的形成

普通的沙粒不会像沙尘那样一直飘浮在空中，而是飞行 10 厘米左右之后就会在重力的影响下掉落下来。

假设在沙地的表面有一处大约几厘米高的小沙丘。位于迎风面的沙粒在风的吹动下向上方移动，达到沙丘最高点时乘风飞出。这个沙粒飞出大约 10 厘米之后掉落下来，在这个地方又形成新的沙丘。另一方面，位于背风面的沙粒则几乎不会移动。由于沙粒的飞行方向会随风向的变化而变化，所以降落的地点也会呈横向散开。

只要在沙地的某处因为偶然的情况产生一处沙丘，就会在风的作用下产生出横向散开的新沙丘。这一过程持续的结果，就是在沙地表面形成无数条蜿蜒曲折的沙带，这就是风纹。如果风持续吹动，被推高的沙丘顶端会崩溃，表面移动的沙粒被推到背风面，风纹会在保持高度不变的状态下不断地改变形状。

风纹描绘出的形状就像抽象的艺术作品一样让人百看不厌。但不管有多么美丽，风纹都不可能通过进化诞生出“风纹生命”。

为什么风纹不能进化出生命呢？因为风纹没有稳定的结构。

风纹能够描绘出美丽的画面。但风纹会随着风的吹动而发生改变，这种无法长期保持的状态缺乏稳定性。

物理学上所说的“结构的稳定性”，不是指大理石雕塑那样牢固且不会变化，而是即便出现细微的变化也能够恢复原样。这种机制简单来说就像旋转不倒翁，但关键在于并非人工设计，而是“自然”诞生的。这种结构的稳定性在绝大多数情况下都会表现出量子效应。

分子组成的稳定结构

首先让我们来看一下脂质分子在水中形成稳定的膜结构的机制。

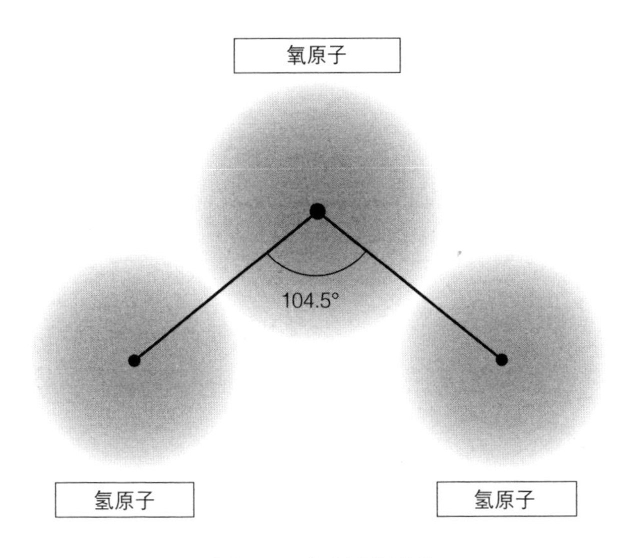

图 1–2　水分子的结构

水分子由 2 个氢原子和 1 个氧原子组成，呈三角形结构。其中以氧原子为顶点形成的角度为 104.5°（图 1-2）。氢原子为正电荷，氧原子为负电荷，因此当其他带有电荷的分子接近时，与水分子会出现相互吸引或相互排斥的作用。

另一方面，在生物体内大量存在的脂质分子，形状就像长着两条尾巴的蝌蚪。相当于蝌蚪头部的部分具有溶于水的亲水性，被称为“亲水基团”（“基团”指的是分子内部集合在一起的原子团）。反之，相当于蝌蚪尾巴的部分具有不溶于水的疏水性，被称为“疏水基团”。

因为一个脂质分子同时具有亲水基团和疏水基团，所以当水中混入大量的脂质分子时，脂质分子就会集合在一起形成与水分子产生相互作用的结构。脂质分子在接近水面的情况下疏水基团会浮出水面，亲水基团则会溶于水中，在水面上方形成疏水基团向外的一层膜。另一方面，

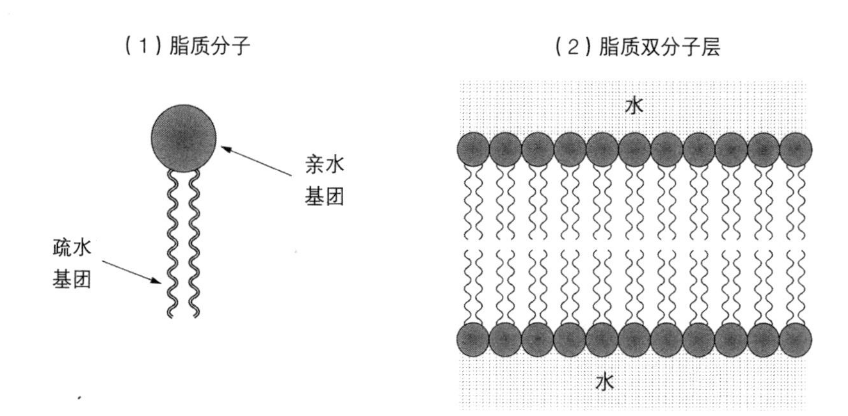

图 1–3 脂质分子的结构

如果脂质分子在水中的话，疏水基团会自然而然地聚集在一起，形成疏水基团在内侧、亲水基团在外侧的双分子层，实现结构的稳定化（图 1-3）。

双分子层在与水分子的相互作用下形成一个闭合的曲面，这个闭合的曲面中间又形成了一个封闭的区域。作为生命最基本单位的细胞就这样形成了。由于细胞外面的一层膜限制了物质的移动，所以细胞内侧与外侧溶液的溶度会出现差异。又因为化学反应的频率受浓度的影响，所以细胞膜内侧就可能会出现营养物的代谢等在外部难以产生的反应。

脂质分子形成的双分子层膜虽然在受力时会出现变形，但水分子的基本结构却轻易不会损坏。即便部分区域出现小型的破口，也会因为脂质分子亲水和疏水的特性下自然而然地通过分子移动将破口堵住。这就是细胞膜拥有结构稳定性的最大原因，也正因为有这种稳定性，生物才有可能存续下来。如果细胞膜很容易损坏，内侧和外侧没有差异的话，生物就无法生存。

驱动生命的精密机械

在脂质的双分子层隔离外界形成的稳定环境之中，复杂的分子才能进行一系列化学反应，从而实现生物体的机能。比如将光能转变为有机物化学能量的光合作用，就是从位于叶绿体内部的叶绿素吸收光能产生结构变化开始的。

叶绿素有许多种类，最常见的类型是由 4 个五角形的环围绕一个镁原子，周围连接长长的锁链组成的结构（图 1-4）。除了镁原子之外，叶绿素分子之中还含有碳原子、氮原子、氧原子等 100 多个原子，是非常巨大的分子。这个分子能够吸收特定波长的光，通过改变镁原子放出的电子的状态引发化学反应。经过一系列的化学反应之后，光的能量被转变为稳定的化学能量，这个过程就是光合作用。

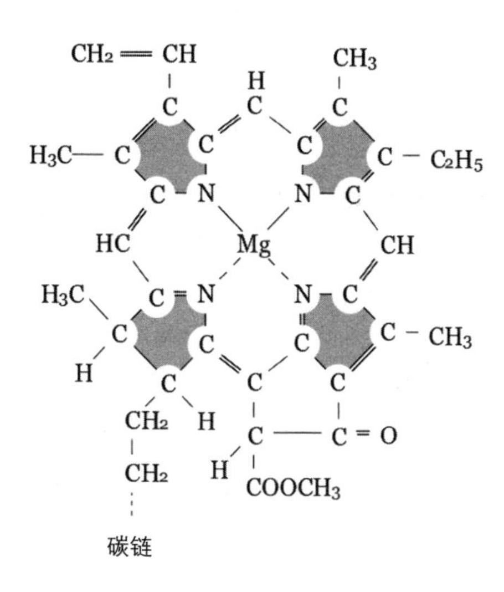

图 1-4　叶绿素

不仅光合作用，一切生命活动的基础都存在着巨大的分子结构以及改变其结合方式的复杂变化过程。

神经兴奋和肌肉收缩都是需要生物合成提供能量的活动，许多生物都要用到 ATP（腺苷三磷酸）。ATP 是腺苷与 3 个磷酸相结合的结构，内部能够存储化学能量。在氧的作用下被分解为 ADP（腺苷二磷酸）和磷酸时会释放出能量。ATP 分解后产生的 ADP 并不是用完就被丢掉，而是能够通过与磷酸的结合再次形成腺苷三磷酸。ATP 具有分解后仍然能够恢复原样的稳定结构，所以才能作为可以重复利用的能量储存装置支撑生命活动。

有许多原子组合而成的巨大分子，就像是一个能够进行各种作业的精密机械，其机能远超人类目前的技术水平。

比如我们想让汽车移动起来，需要在发动机内部引爆汽化的汽油，利用爆炸产生的能量推动活塞。虽然在利用碳化合物的分子中积蓄的化学能量这一点上和生物是相同的，但利用爆炸将化学能量转变为动能的利用率只有 20%~30%。

与之相比，细菌使用鞭毛时的能量利用率则相当高。利用细胞膜内外离子浓度的差异，使鞭毛像螺旋桨一样旋转，能够达到接近 100% 的能量利用率。

从活力论到量子论

通过精密的分子机械支撑的生命体，对以前的人们来说是完全无法理解的高科技产物。利用齿轮和轴承之类宏观的物体组合而成的机械设备，即便应用当时最先进的科学技术，也与生物实现的机能相差甚远。因此，在 19 世纪之前，人们普遍认为生物遵循着与普通物质完全不同的法则，这被称为活力论。

现在已经没有相信活力论的科学家了。即便物理学并不能完全解释生命体的活动，但已经在很大程度上搞清楚了物质在光合作用和神经兴奋中发挥的作用，基本证明了物质也遵循同样的物理法则。

但生命遵循的物理法则却与“物体会以与被施加的力成正比的加速度进行运动”的牛顿力学存在着本质上的差异。牛顿力学能够创造出风纹，但不能产生出像精密机械一样运作的分子。

如果分子也遵循牛顿力学的理论，那么水分子就无法一直保持固定的角度。原子在互相挤压的过程中，当折角达到一定的角度时，所有的力都完美地达成平衡的机制，用牛顿力学的理论是完全无法想象的。

由许多原子组成的分子之所以能够维持稳定的结构并实现复杂的反应，是因为发生了原子级别的物理现象，要想解释生物体的这种复杂精妙的现象，活力论是肯定不行的，只能通过量子理论来进行解释与说明。

不管对象是否属于有生命的物质，量子理论能够解释说明原子级别的一切现象。物质有大小和形状，水分子总是保持固定的角度，叶绿素拥有复杂的结构，这些都是量子效应的体现。关于具体的机制我将在后文中为大家进行说明。首先从结论来说，如果从量子理论的角度分析电子的相互作用，会发现这些复杂的结构都是自动（没有任何外界因素的影响）形成的。

原子核与电子的自由系统

说起物质的组成要素，可能很多人首先想到的都是原子吧。但实际上，在物理学领域，将原子核与电子区分开进行思考更加合理。原子由占全部质量 99.9% 以上的原子核和围绕在其周围的电子组成。电子的质量非常轻，只有最轻的氢原子核（被称为质子的粒子）的 1/1800。

原子的大小取决于电子存在的范围，从几十亿分之一米到 100 亿分之一米不等。另一方面，原子核的直径约为数百兆分之一米，与原子的大小相比，原子核看起来就像是一个很小的点，但其却拥有非常大的重量，许许多多的电子都在其周围飞速移动。

原子核带有正电荷，电子带有负电荷。原子核与电子之间存在静电引力，如果从正常的角度来考虑，两者应该紧密地结合在一起。但实际上电子却在飞速地移动，并没有与原子核结为一体。

而且原子核与电子组成的系统，时而柔软，时而坚固。以水分子为例，其角度永远保持在 104.5°，拥有几乎不会变形的坚固结构。但水分子之间以及水分子和脂质分子之间，却会频繁地交换位置。

除了分子之外，还有许多由原子核与电子组成的系统。原子核按照一定规律排列的结晶体能够保持几何学的结构。比如氯化钠结晶就是氯原子和钠原子按照一定间隔交互排列形成的立方格（图 1-5）。比如我们平时吃的食盐，就是氯化钠结晶的集合体。

但结晶体并非所有的部分都很坚固。以金属结晶为例，当外界对其施加电压时，一部分被称为自由电子的电子就会在原子核之间流动（自由电子在热能的作用下会呈现出高速不规则运动，而在电压的作用下只会在平均的位置微弱地移动）。正因为有能够自由移动的电子，金属结晶才具有柔韧性和延展性。

原子核与电子的系统所展现出来的时而柔软、时而坚固的特性，用牛顿力学是无法解释说明的。如果电子遵循牛顿的运动公式，应该紧紧地贴在原子核上。由此可见，原子核与电子肯定遵循的是与牛顿力学存在着本质差异的物理法则。

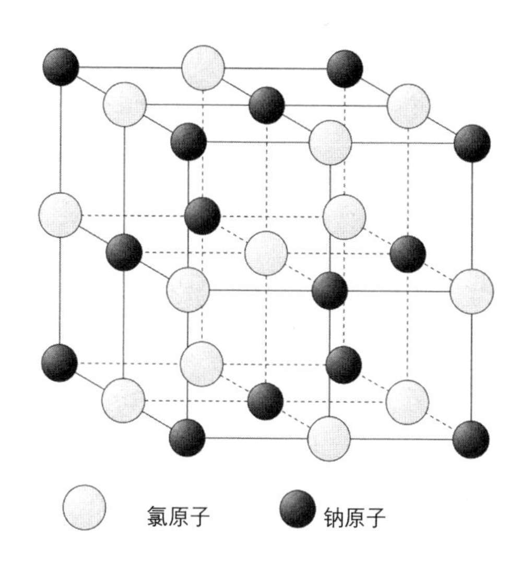

图 1–5　氯化钠结晶

那么，这个物理法则究竟是什么呢？20 世纪的物理学家们经过几十年的努力，终于发现了真相。

从最简单的例子开始

物理学家在想要搞清楚某种性质的起源时，会将具有该性质的最简单的系统作为考察对象。所以在思考原子等级的物理法则时，如果用脂质和蛋白质那样含有几十上百个原子的生物体分子作为考察对象，恐怕很难发现解决问题的关键。所以，物理学家们将目光放在了最简单的系统上，那就是氢原子。

原子由非常小但非常重的原子核以及分布在其周围的许多电子组成。原子核与电子的结构，和由太阳与其他行星组成的太阳系十分相似。因此，有人认为原子也和太阳系一样，带有正电荷的原子核与带有负电荷的电子在库仑力（电荷之间的静电力。和重力一样，与距离的平方成反比）的影响下，电子围绕着原子核旋转。

但对原子的性质进行研究后发现，电子与原子核遵循的是与太阳系（牛顿力学）完全不同的物理法则。最值得注意的是，原子持有的能量与太阳系不同，是由整数决定的离散值。后来科学家们发现，“能量由整数决定”这一性质是最基本的量子效应。接下来，让我们看一看两者在能量规律上的差异。

受重力影响的行星系

以恒星为中心的行星系，是在重力的作用下由星际物质凝集而成的。

气体和尘埃等星际物质凝集在一起的时候，并不是全都笔直地朝着一个点移动。因为这些物质汇聚的方向互有偏差，所以并不是一下子凝集成一个星球，而是呈漩涡状一边旋转一边汇聚在一起。在这个时候，与旋转轴垂直方向的物质受离心力的影响而无法聚集，与旋转轴平行方向的物质则在重力的影响下相互结合。于是聚集在一起的物质就会呈扁平的圆盘状。这被称为原始行星系圆盘（图 1-6）。

在圆盘内部的物质之中，如果出现与整体的旋转运动不统一的物质，就会因为与周围物质产生摩擦而导致失去旋转的能量。就像人造卫星与大气层摩擦导致失去旋转能量而掉回地球表面一样，与整体的旋转运动不统一的物质也会掉落进整个旋涡的中心区域。这样一来，中心区域的质量就会逐渐增加，并且在自重的影响下收缩，形成巨大的天体。当天体的质量达到一定的程度，内部的压力增加发生核融合，就会成为发光发热的恒星。

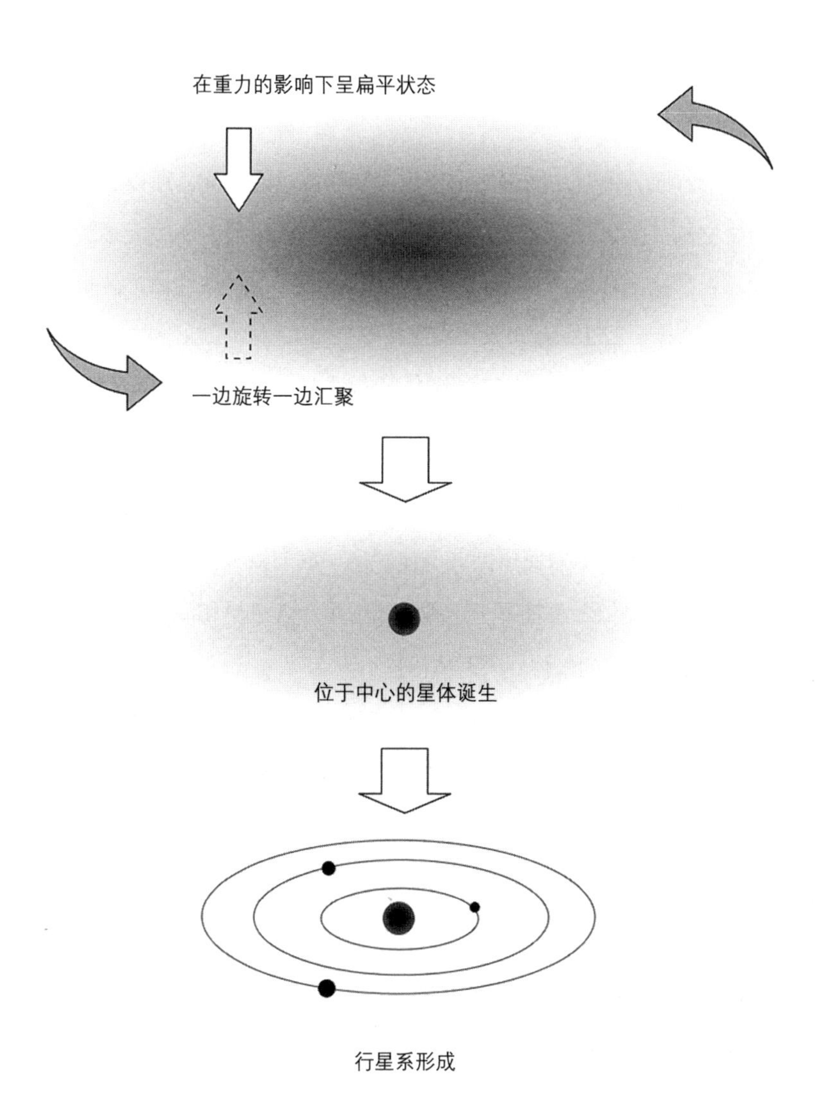

图 1–6　行星系的形成

但是，汇聚在圆盘中心的星体因为由失去了旋转能量的物质组成，几乎没有自转的动能，所以被称为恒星。对于恒星自身来说，从中心向外的任何方向的重力几乎都相同，所以物质会均匀地聚集，最终成为光滑的球体。

另一方面，残留在周围的物质由于旋转能量比较大，所以会继续围绕恒星旋转。因为脱离圆周运动的话很容易相互碰撞，所以大多数的物质都会自然地保持圆周运动。在这些物质之中，公转半径接近的物质相互吸引，最终汇聚成一颗行星。

接近圆盘中心位置的行星，挥发性物质会被恒星释放出的巨大能量吹飞，成为岩石行星。以太阳系为例，水星、金星、地球、火星都属于这种岩石行星。而距离恒星较远位置的行星，水因为温度过低而凝结成冰，冰核产生出的重力使周围的气体聚集，成为巨大的气体行星。在太阳系之中，木星和土星就属于这种气体行星。天王星和海王星因为重力不足以聚集到足够的气体，所以体积并不大。

许多行星以接近圆形的轨道在恒星周围旋转的系统就在上述过程中自然而然地形成了。这个系统与许多电子在原子核周围旋转的原子或许有相似之处。那么，原子的性质是否也和行星系一样，是在相互作用的影响下自然而然地产生的呢?

行星系与原子的决定性差异

行星系与原子之间存在着决定性的差异。那就是在行星的公转轨道和能量之中，不存在像原子中那样单纯的规律性。在原子中，能量等物理量都可以用整数和物理常数组合的简单公式来表示。但在行星系中，各个行星的质量和公转半径都不存在这样的规律性。

表 1-1　行星的公转半径、质量、能量

	公转半径	质量	能量
水星	0.39	0.055	–0.14
金星	0.72	0.815	–1.13
地球	1	1	–1
火星	1.52	0.107	–0.07
木星	5.2	317.8	–61.1
土星	9.58	95.2	–9.94
天王星	19.2	14.5	–0.76
海王星	30.05	17.1	–0.57

以太阳系行星为例，如果将地球的质量和公转半径作为基准，那么其他行星的质量和公转半径以及能量如表 1-1 所示。

从上述数据之中很难找出明确的规律。虽然也有像木星到天王星的公转半径成倍增加的情况，但只能说是一种倾向，并没有形成规律。

在呈圆周运动的情况下，行星的力学能量与质量除以公转半径的值成正比。行星因为总是被束缚在太阳周围，这种情况下的力学能量一定是负数（氢原子内部的电子因为也被束缚在原子周围，所以也是负数）。另一方面，像 2017 年发现的奥陌陌那样不受太阳引力影响的星际天体，因为需要拥有能够摆脱引力的动能，所以力学能量是正数。

以地球为基准时，各行星的力学能量如表 1-1 最后一列所示，看起来没有任何规律可言。

行星的轨道半径和质量之间不存在规律性。近年来，随着观测的进展，人类对太阳系之外行星（系外行星）的观测结果也证明了这一点。最早发现的系外行星飞马座 51b，质量是地球的 150 倍以上，是像木星一样的巨大气体行星，但轨道半径只有地球的 1/20，表面温度更是高达 1000℃以上，被称为“热木星”。科学家推测，这颗行星是在远离恒星的地方成长为巨大气体行星之后，因为与其他天体发生碰撞失去了动能而靠近恒星的。

氢原子展现出的规律性

与轨道半径和能量之间不存在规律性的行星系相比，原子呈现出了完全不同的一面。

原子核也有内部结构。1930 年，科学家们发现原子核由多个质子和中子组成。比如，氧原子的稳定原子核由 8 个质子和 8~10 个中子组合而成，大气中存在的氧原子 99.8% 都有 8 个中子。与之相对，氢原子（准确地说是氕，而不是氘和氚）的原子核就是 1 个质子。这个质子与一个电子产生静电引力，就组成了氢原子。

中子正如其字面意思一样，电荷呈中性。另一方面，质子带有与电子的电荷量相同但符号相反的正电荷。质子和电子的电荷相加刚好为零，所以氢原子整体的电荷为中性。因为中性的氢原子很容易发生化学反应，所以在地球上几乎不会单独存在，但在物质密度比较低的宇宙空间中还是有少量存在的。

质子的质量是电子的 1800 多倍，所以只从质量的角度来看的话，确实和太阳的质量是木星 1000 倍的太阳系有些相似。但从规律性的角度来看，氢原子就与太阳系完全不同了。

行星的轨道半径是由气体和尘埃等物质旋转汇聚的过程决定的，不能仅凭物理法则来决定。在宇宙中存在着许许多多的行星系，目前人类已经发现了几千个系外行星，但它们的轨道半径都各不相同。

另一方面，原子的电子分布则是由物理法则决定的。虽然电子并非在原子核的周围进行圆周运动，但电子和原子核之间的平均距离却能够通过计算得出。平均距离受原子持有的能量影响会有一些变化。以持有最低能量的氢原子为例，其电子和原子核之间的平均距离为 0.08 纳米（1 纳米是十亿分之一米）。与行星系不同，这个平均距离在所有的氢原子之中都是一样的。

地球位于直径 10 万光年的银河系内部，而距离银河系 250 万光年之外的仙女星系之中也存在氢原子。将跨越了 250 万光年从仙女星系来到地球的光线用三棱镜分解，对得到的光谱进行分析，就能发现仙女星系中的氢原子处于怎样的状态。数据分析的结果表明，氢原子即便在仙女星系也遵循和在地球上一样的物理法则。电子的质量以及质子和电子的平均距离都和地球上的氢原子一样。

行星系的结构完全是由偶然的因素决定的。但由原子核和电子组成的原子，其结构却是由相同的法则决定的。

行星系在形成时，完全遵循牛顿的引力理论和运动公式，而原子在形成时却遵循的是与牛顿力学存在本质区别的物理法则。氢原子的能量所持有的规律性完美地证明了这一点。

氢原子持有的最低的能量写作 -E（与行星的情况一样，在电子被原子核束缚的时候能量为负数）。虽然也有更高的能量状态，但更高的能量状态为 -E/4、-E/9、-E/16……也就是能够被整数的平方整除的数值（因为能量为负，所以系数越小能量越大）。这个规律性与表 1-1 所示的行星系能量的混乱数值形成了强烈的对比。

原子论——如此奇妙之物

氢原子的能量是整数的特定值这一事实，在 19 世纪末 20 世纪初得到了实验的证实。虽然关于这个性质还存在着许许多多的谜团，但实验结果却成为解决原子论危机的关键。

19 世纪的科学家们以发生化学反应的物质的质量为整数比这一理论为基础，证明了物质之中存在一种被称为原子的基本物质。到了 19 世纪后半段，随着电池技术的进步，使用电力的实验得到广泛的普及，科学家们发现在原子的内部还存在着更基本的物质。这些基本物质带有正电荷和负电荷，存在电力的相互作用。科学家们围绕这些基本物质的真面目展开了大量的讨论，又经过许许多多的实验，终于在 20 世纪 10 年代发现这些基本物质应该是原子核和电子。但如果原子核与电子是在一个好像乒乓球一样狭小的空间里不断飞行的粒子，那么两者又是怎样组成结构稳定的原子的呢？这实在是不可思议。

根据电磁学的理论，带有电荷的两个微小粒子之间存在与距离的平方成反比的库仑力。在库仑力的作用下，这两个带有电荷的粒子按照运动公式运动时，或者相互吸引，或者相互排斥，绝对不可能存在保持一定间隔的机制。也就是说，原子核与电子不可能实现不吸引也不排斥的稳定状态。

那么，为什么实际的原子是稳定存在的呢？如果从氢原子的能量性质作为出发点进行思考，就很容易理解了。

如果能量没有限制，可以取任何值，那么就会像因为与大气产生摩擦而失去能量的人造卫星掉落下来一样，在电磁场的相互作用下失去能量的电子会飞向原子核。最终，原子核与电子会结合到一起成为电力为中性的物质并崩溃。

但氢原子的能量如果为特定的值，状况就完全不一样了。如果电子拥有的力学能量如实验数据证明的那样只能是 -E 除以整数平方的值，那么只有比 -E 更高的 -E/4、-E/9、-E/16，而不存在比 -E 更低的能量。既然 -E 是最低的能量，也就不会再继续失去能量，所以也就不会飞向原子核。

但在这个阶段，科学家们无法解释为什么能量会是限定为整数的离散值。

如果说原子论认为物质最基本的组成要素是在真空中来回移动的粒子，那么只要将电子和原子核看作粒子的话，也可以将其归类于原子论。原子论是对化学反应中的量化关系进行说明的最基础的理论，但原子论却无法说明能量的值为什么是离散的。

难道说，电子与粒子之间存在差异吗？科学家们从这个疑问出发，提出了具有飞跃性的理论，这就是量子理论。

第二章 波动产生的秩序

像分子那样精密的机械，究竟是如何自然产生的？如果说分子结构是由量子效应实现的，那么量子效应又是由怎样的机制产生的呢？

为上述谜团打开突破口的人是埃尔温·薛定谔。他创立的波动力学证明了存在于一切物理现象根源的波动引发了量子效应。氢原子的能量之所以被限定为整数，是因为位于原子内部的电子的波动被限定为驻波。

在本章中，我将对薛定谔提出的波动力学的思考方法进行简单的介绍。简单来说，这是一个认为一切物理现象的根源都存在波动的理论。不过在本章的最后，我将为大家介绍这一理论存在的致命缺陷，并由此引出第三章的量子场论。

原子与场

古希腊哲学家亚里士多德认为，世界上存在的一切现象，都是通过元素的不同组合实现的。元素共有四大种类，遍布于世界的每一个角落。根据不同元素的搭配组合，产生出固体、液体、气体等拥有各种性质的物质。

在亚里士多德的理论中，最值得讨论的就是元素无处不在这一点。

正所谓“自然界厌恶真空”。这种认为空间内部弥漫着物理现象的思考方法被称为“场论”。

与场论相对立的思考方法是德谟克里特等人提出的“原子论”。原子论认为，一切物理现象都是原子在真空的内部运动所引发的。原子是拥有固定性质的独立个体，不会与其他原子融合使性质混合在一起。

因为采用了原子论思考方法的牛顿力学取得了巨大的成功，加之用原子作为固定单位能够对化学反应前后的数量关系进行完美的说明，所以欧洲的科学家们一直到 19 世纪初都认为原子论是绝对正确的理论。但到了 19 世纪中期，随着电磁学的发展，科学家们发现了在整个空间之中全部存在电磁现象的电磁场，并且通过光的传播确定了电磁振动的存在。

这样一来，就产生了物质由原子组成，原子之间的力以电磁场为媒介的思考方法，也就是原子与场的二元论。但围绕原子与场之间的关系，还存在诸多的疑问。如果原子没有体积，那么原子周围的场的值就会发散。如果原子有体积，那么场会不会侵入原子的内部？这些问题都必须得到解决。

薛定谔的波动力学可以说将原子与场这两个截然不同的要素组成的二元论，转变为了由场统一的理论。电子这个原子论中的要素，在薛定谔的波动方程中被转变为波，不过薛定谔并没有对这个波的传播媒介进行说明（用薛定谔的论证方法无法进行说明）。虽然是比较牵强的假设，但薛定谔的波动方程能够用数学公式对原子能量的规律性进行解释与说明。

氢原子的谜团

如果原子核与电子是带有正或者负电荷的微小粒子，并且相互之间存在库仑力，那么按照牛顿的运动公式，原子核与电子应该结合在一起变成电荷为中性的物质。由于失去了静电引力，这个中性的物质会崩溃四散。

即便存在某种机制使得原子核与电子不会结合在一起，只要两者遵循牛顿的运动公式和库仑定律，那么就“绝对”不会出现像氯化钠结晶体那样氯原子和钠原子按照一定的间隔规则排列的情况。这比仅凭语言指示就让 100 名幼儿园小孩排出一个五角星的形状还要困难得多。水分子保持固定的角度，叶绿素吸收光产生固定的结构变化等，都是不可能实现的情况。

那么，对于像精密机械一样发挥机能的原子核和电子的系统，如果想总结出一个理论的话，应该对库仑定律和牛顿力学的哪个部分进行修改呢?

薛定谔针对氢原子这个“最简单的情况”提出了一个与传统理论截然不同的思考方法。为了便于大家理解他的思考方法，首先让我们来看一下为什么传统的理论无法进行解释和说明。

1. 氢原子处于稳定的状态。
2. 在这个状态下，电子在比原子核更加广阔的空间之中活动。
3. 氢原子的能量被限定为整数的离散值。
4. 所有的氢原子都拥有相同的稳定状态。

这其中最大的谜团就在于拥有广阔空间的稳定状态。如果电子是遵循牛顿力学规律的粒子，就不可能存在这种稳定状态。

而与稳定状态息息相关的要素，是氢原子的能量被限定为整数的离散值这一条件。这个值是普遍存在的，它不像行星拥有的能量那样，实现稳定状态取决于具体的过程，氢原子的稳定状态是由物理法则决定的。

那么，在什么情况下才能实现这种稳定状态并且能量限定为整数呢？

薛定谔的解答

薛定谔发现，当电子形成固有振动的驻波时，能够实现上述一切条件。驻波的波形不受产生过程的影响，在同一系统中永远产生同样的波。固有振动非常稳定，能够长期保持。波有扩散的特性。最重要的是，驻波可以被归类为整数。

发现了能够一口气解决原子谜团突破口的薛定谔，打算利用驻波构筑一个用来表述原子状态的理论。但要想创建理论，就必须将电子的实体、库仑定律、牛顿的运动公式等全部推翻。

首先，他认为电子并非粒子而是波（原子核不在讨论的范围之内）。其次，为了取代牛顿的运动公式，他提出了表示波动的方程，也就是我们现在所说的薛定谔波动方程。这个方程与 19 世纪科学家们提出的各种波动方程有一部分相似之处，系数只使用了光速、普朗克常数（决定量子效应大小的物理常数）、电子的电荷等很常用的物理常数。此外，他还消除了库仑力，导入了作为潜在能量存在于一切场所之中的库仑势。

被封闭的波产生形状

薛定谔之所以提出电子是波的假设，可能是因为他注意到了“被封闭的波能够产生共振模式的形状”。

图 2-1 是在塑料容器边缘用电动牙刷振动使容器内的水面出现波纹的图片（笔者拍摄）。在电动牙刷的振动影响下，水面上出现了与之相

图 2-1　被封闭的水中的驻波

同振动数量的波纹。这意味着外界的影响使水面产生了共振，波的波长也被限定为能够与外界施加的振动数产生共振的波长。

如果水处于没有被封闭的空间，振动就会向周围不断地扩散。在这种情况下，波因为在不断地前行，所以叫作行波。

但如果水在容器之中，被封闭在一个特定的空间之内，波就会呈现出与行波完全不同的状态。波在抵达容器壁的时候会形成反射，对入射波产生干涉。

入射波和反射波的干涉会产生怎样的结果呢？让我们用最简单的例子来思考一下。

假设容器壁像镜面一样，能够将发射过来的波以完全相同的形状反射回去。在这种情况下，假设入射波与反射波叠加在一起，波的高度为两个波相加的值，两者互相干涉形成的合成波如图 2-2 所示。因为两个

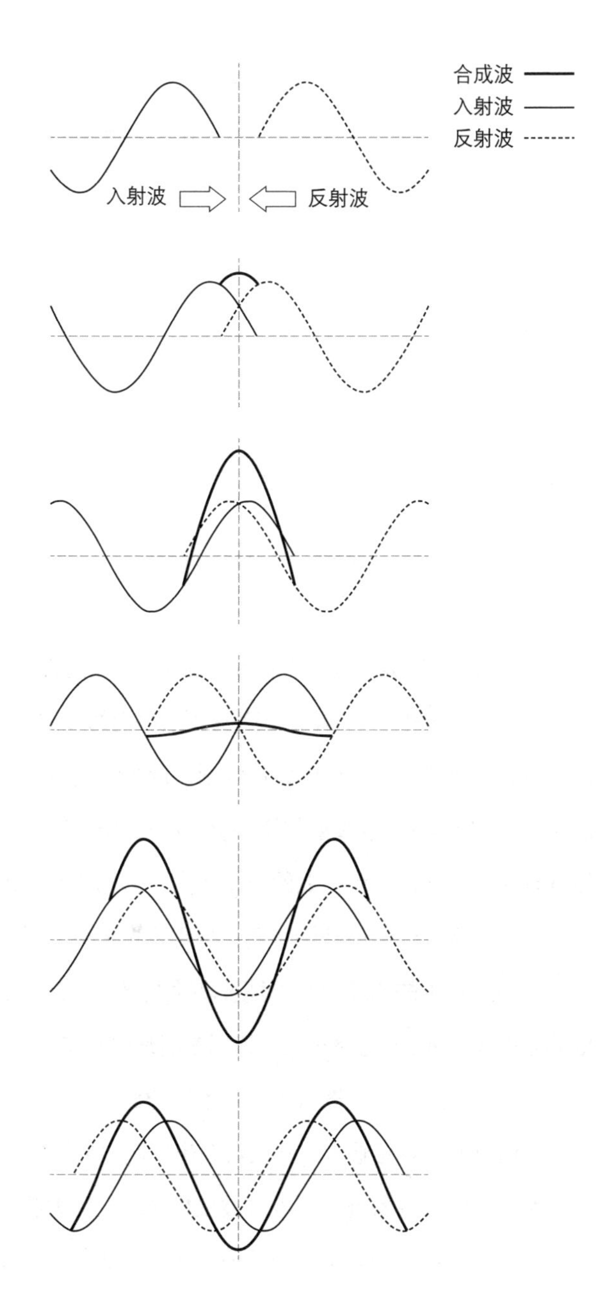

图 2-2　入射波、反射波、合成波

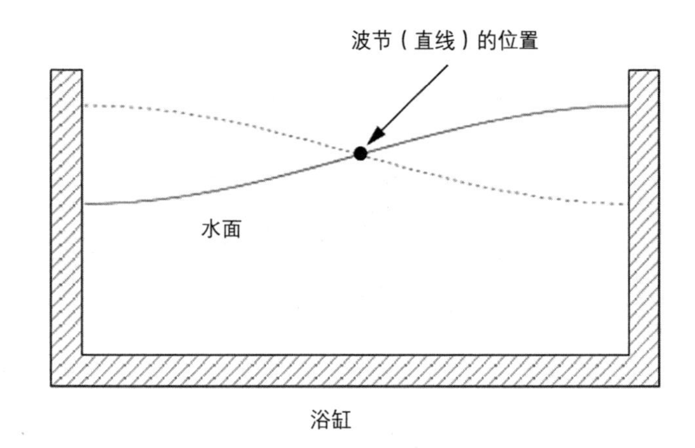

图 2–3　浴缸的驻波

振幅相同但方向相反的波重叠，所以合成波既不会向前也不会向后移动，而是在同一个地点重复上下运动。这就是不会移动的驻波。

但实际的反射并不是完全的镜面反射。因为有无数个不同前进方向的波相互交错，所以在出现反射的初期阶段水面会出现非常复杂的变动。

随着时间的变化，绝大多数的波都因为干涉的影响而消失。就像用手拍打浴缸里的水，虽然最开始水面会出现许多波纹，显得非常复杂，但过一会之后浴盆中的水就会平稳地波动（图 2–3），这个时候的波动因为是保持着特定的波长上下运动，所以是浴缸的驻波。

如果将水封闭起来的容器很小，当水平稳波动时，可能看不出水面上的变化。但只要容器足够大，水面就会出现明显的波纹。图 2–1 因为存在纵横两个方向的容器壁，所以驻波呈格子状。因为我很难将电动牙刷保持在相同的位置，所以水面上的波纹也会随着时间的变化而变化，但变化的速度与波的转播速度相比要慢得多。

呈几何学图案的驻波是波被封闭在特定领域中时很常见的现象。因为在封闭的领域中，朝着相反方向前进的波相互抵消，只留下原地上下波动的驻波。驻波的波形由边界的形状和媒质的物理性质决定，不会像风纹那样“每次出现都是完全不同的形状”。

思考弦的振动

最直观的驻波的例子，就是两端固定的弦被拨动时产生的波。

用高速摄像机对拨动后的弦进行拍摄，发现弦会呈现出复杂的振动。但因为固定端的反射波引发干涉，所以除了稳定的驻波之外的其他波都相互抵消。因为最后残留的驻波能够长时间持续产生这个弦固有的振动，所以也被称为固有振动。弦乐器的弦因为会从固定端向周围散发能量，所以振幅（从振动的中心到最大位移的距离）会逐渐变小，而存在于原子内部的波因为能量不会流失，能够永远维持相同的振动。

长期维持的驻波也能够与外界的振动产生共振。弦乐器的声音虽然是由能够长期维持振动的驻波发出的，但拥有多个弦的乐器的各个弦之间经常会产生共振。比如印度的弦乐器西塔琴，就有演奏弦和共鸣弦，当弹奏演奏弦的时候，没有被直接弹奏的共鸣弦也会产生振动，发出独特的声音。原子也一样，当被含有各种振动数量的光照射时，与其中特定的成分产生共振，就会跃迁到高能态。

拨动弦的时候最基本的驻波，中央以最大振幅振动，两端的振幅逐渐减少。这种类型的振动被称为基本振动［图 2-4（1）］。

基本振动之外的其他驻波存在完全不振动的部分，这部分被称为振动的“波节”。弦在振动时，只在中心部分有唯一波节的情况，因为波长是基本振动的一半，振动数为 2 倍，所以被称为 2 倍振动。以此类推，

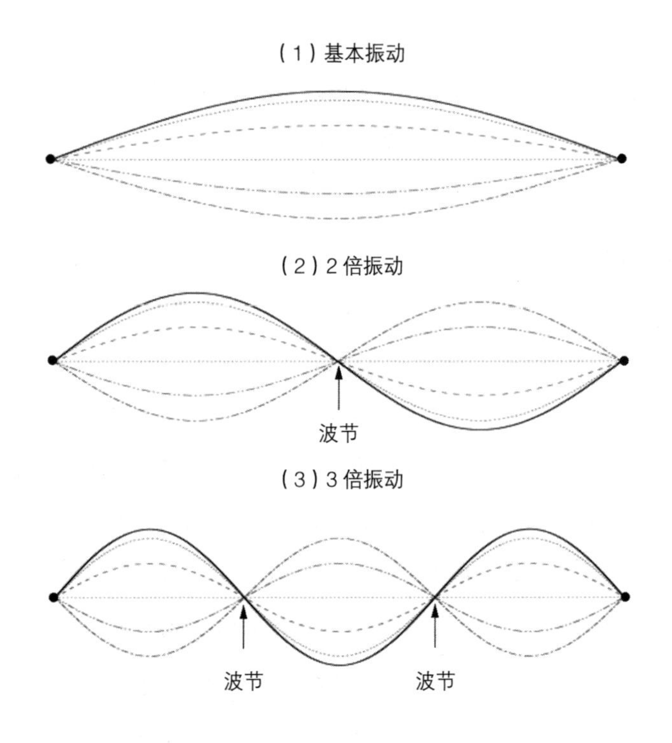

图 2-4 弦的振动

还有 3 倍振动、4 倍振动。

波节的数量越多，波长越短，振动数越大［如 2-4（2）和（3）］。

除了弦振动之外，共振模式也会出现波节。以水平方向断面为长方形的浴缸为例，基本振动的波节从上面看位于中央部分且与长方形的一边平行（图 2-3）。

当水杯或油桶这样圆筒形的容器中的水产生振动时，首先水面也会出现许多波纹，但其中的绝大多数都会因为干涉而抵消，最后只剩下共振模式的波纹。最简单的共振模式是水的一半向上另一半向下的振动，在这种情况下不振动的波节就是水面处于静止状态时圆形的直径（从侧面看的话能够观察到与图 2-3 相同的波形）。因为圆形拥有无数个直径，哪一个直径是波节取决于初期状态的细微差异，所以无法简单地预测。但因为不同波节的区别只在于朝向，所以按照振动模式分类的话，可以全部归类为“1 个波节”的驻波。

如果敲一个圆形的大鼓，鼓面的基本振动是中央部分上下振动，周围也随之逐渐减少振幅的驻波。但也可能出现比这更加复杂的共振模式。比如像杯中的水一样以圆形的直径为波节的振动，以及波节呈圆形，内侧和外侧逆向位移的振动。

像这样，就可以用波节的数量和形状（直线还是圆形）对成为驻波的共振模式进行分类。

将波封闭的力

薛定谔理论的前提是将电子看作能够扩散的波而非粒子。至于波的形状，可以用薛定谔波动方程来计算。

虽然原子核（质子）与电子相互吸引，但库仑力是以电子是粒子为前提的，所以不能用来计算波的状态。薛定谔在自己的波动方程中用库仑势取代了库仑力，给作为波的电子的振动添加了限制。

“势”可以简单地理解为像气压一样的效果。在一个充满气体的领域之中，所有位置都存在气压。如果气压出现差异，就会出现一种力使物体从气压高的领域向气压低的领域移动。与之相同，在空间中充满势，势的差异也会出现一种力使物体移动。实验观测到的库仑力并不是远处的电荷发出的远程力，而是由周围的势产生的近程力。

库仑势是由电荷产生的。孤立的点状电荷产生的势与距离的一次方成反比，是一个递减函数。因为所有氢原子核带有的电荷都相同，所以库仑势也是所有氢原子共通的函数。这也是用氢原子的能量作为标准值的原因。

库仑势起到将电子的波吸引到原子核附近的作用。这样一来，如果电子的波远离原子核就会急速衰减，所以波就相当于被束缚在了原子核的周围。即便没有浴缸的边缘和弦的固定端那样明确的边界，但在库仑势的作用下，电子的波也被封闭在原子之中。

被封闭的电子的波在移动的过程中产生干涉，行波逐渐相互抵消，最后只剩下共振模式的驻波。薛定谔就是通过波动方程来计算这些驻波的振幅的。

氢原子发生了什么？

这个时候，驻波表现出的共振模式可以通过波节的数量和形状来进行分类。穿过原子核的直线上的驻波的波形如图 2-5 所示。这个图显示了振动最大时的波形，波与横轴的交汇处就是没有振动的波节。

根据薛定谔计算出的结果，最基本的振动模式不存在波节，原子核所在的中心位置振幅最大。但因为中心的库仑势无限大，电子的波无法保持平缓，就会变成尖锐的函数。距离中心越远，电子波的振幅越小。

中心部分振幅最大，距离中心越远振幅越小，没有完全不振动的波节——这种振动模式与两端固定的弦的基本振动［参见图 2-4（1）］十分相似。从原子核的角度来看，不管朝哪个方向都是这样的波形，因此氢原子的形状呈球形。在物理学上，将这种状态标记为 1s。

基本振动是能量最低的状态。使用薛定谔波动方程就能计算出波的

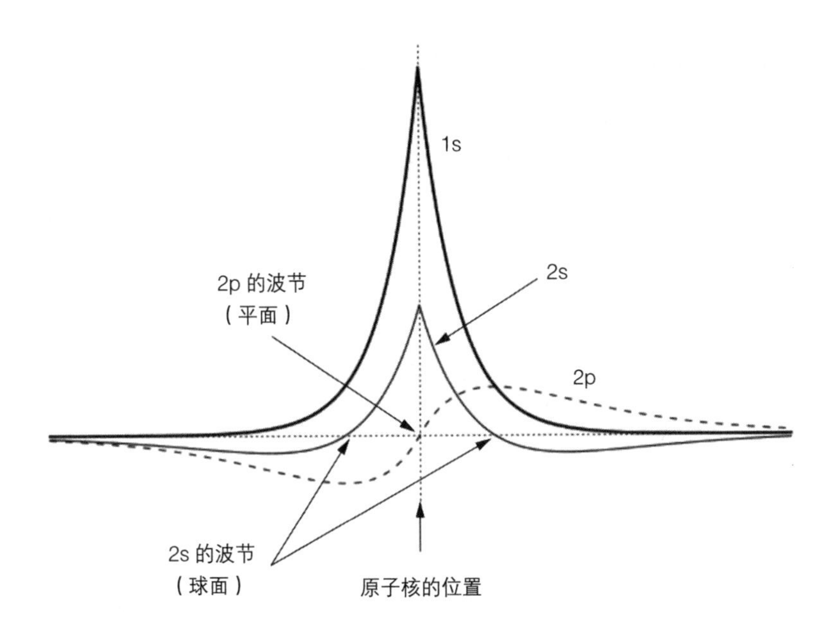

图 2–5　氢原子的波形

能量。虽然可以使用物理常数来表示基本振动的能量，但在这里还是沿用之前的 -E 来表示。

薛定谔波动方程还能用来计算基本振动之外的结果。比基本振动能量更高一级的驻波，拥有 1 个波节。但水杯和浴缸里的水面是二维的平面，氢原子是三维的球体，所以波节的形状并不是圆形或者直线，而是球面或者平面。球面的波节只有一个的状态写作 2s，平面的波节只有一个的状态写作 2p（球面的中心点就是原子核所在的位置。平面因为只要是包括原子核的面任何方向都可以，所以 2p 状态根据平面的朝向有 3 种）。利用薛定谔波动方程对 2s 和 2p 状态的能量进行计算，得出的结果为基本振动能量 -E 的 1/4。

此外，还有能量更大的3s和3p状态。这些状态的能量为-E的1/9。波动方程的解有无数个，可以分别用4s、5s等进行标计，能量分别为-E/16、-E/25等。也就是说，氢原子的能量是基本振动的能量除以整数平方的值。这一计算结果与实验数据完全一致。

与两端固定的弦的振动[图2-4（2）（3）]相比，2p与2倍振动的波形相似，2s与3倍振动的波形相似，能够看出驻波拥有共同的性质。

但两者之间也有几个关键性的差异。氢原子中的驻波在原子核的位置无法形成波形平稳的函数，波节的形状呈球面和平面，这两点前文中已经提到过，还有一个非常大的差异，那就是驻波的强度取决于物理常数。

在两端固定的弦的情况下，驻波的波长是由两端的间隔这个“外界因素”决定的。但在氢原子的情况下，并不存在固定端这个边框。所以电子的波最远能够抵达的边界是由库仑势的函数形决定的，而其中包含的物理常数发挥着重要的作用。

在薛定谔的波动方程之中，含有电子的质量与电荷、普朗克常数、光速等物理常数，通过将这些数字进行组合，就能得出被称为玻尔半径的长度量。玻尔半径的长度为0.053纳米，以此为基准就能通过波动方程计算出电子波的波形。在最低能量状态（1s）的氢原子中，原子核与电子的平均距离经计算得出为玻尔半径的1.5倍，也就是0.08纳米。

虽然并没有一个明确的界限将波封闭起来，但所有氢原子的体积都一样大，正是因为所有的氢原子都有以玻尔半径为基准的同样形状的驻波。

摸清量子效应的本质

氢原子拥有固定的体积，能量为特定的整数，如果从氢原子核（质子）的周围存在驻波的角度来思考的话，就会很容易理解上述特性。

这里的关键在于，加入了库仑势的波动方程能够证明驻波的波形是固定的。在恒星周围旋转的行星虽然都遵循牛顿的物理法则，但公转半径却受凝集过程的影响，并不是特定值。而氢原子的情况下，因为库仑势会对波的振动产生作用，所有的氢原子都会产生相同的驻波，所以氢原子的能量不管在地球上还是在仙女星系都是相同的值。

不仅氢原子，从金结晶的显微照片（用电子显微镜拍摄）上也能看到球形的金原子规则排列的影像。虽然电子显微镜是通过测量原子的电力反应对数据进行计算后转换为影像，并不是直接拍摄到金原子的形状，但仍然能够确定电子在一定范围内呈球状分布。

每个原子都同样大小、同样形状，这实在是非常不可思议的事情。仅用“遵循同一个物理法则”恐怕完全无法解释得通。毕竟遵循同一个牛顿力学法则的行星却各不相同，比如飞马座 51b，公转半径和质量都与太阳系的行星大不相同。所有的原子都拥有相同的性质，并不是因为遵循同一个物理法则，而是基于这个法则实现的系统拥有相同的物理性质。拥有相同共振模式的驻波完美地证明了这一点。

说起量子理论，可能很多人首先想到的都是“不确定性原理”“观测效应”等晦涩难懂的内容。但这些其实都是一些细枝末节的问题。量子理论的本质就是在一切物理现象的根源之中存在波动。量子效应就是将存在于根源的波动的特性表面化。

从原子到分子

驻波并不像风纹那样经常发生变化，是能够维持同样共鸣模式的稳定状态。但驻波并非一直固执地维持唯一的模式，而是能够根据状况产生变化。

比如氢原子在孤立的状态下是稳定的，但如果 2 个氢原子相互接近的话就会产生化学反应形成氢分子。这个过程可以看作是共振条件发生了变化。

为了便于理解，让我们先来看由 2 个质子和 1 个电子组成的氢分子离子（比氢分子少 1 个电子）。因为质子带有正电荷，所以质子之间会因为库仑力而相互排斥。如果只有 2 个质子，是绝对不可能形成一个系统的。

但如果在两个质子之间加入一个电子，状况就不一样了。让我们从库仑力的角度思考一下 2 个质子中间存在电子的情况。库仑力与距离的平方成反比。因此，一个质子从另一个质子那里受到的斥力，只有位于一半距离的电子产生的引力的 1/4。将这些力综合起来，2 个质子就会被吸引到电子所在的中间位置（图 2-6）。

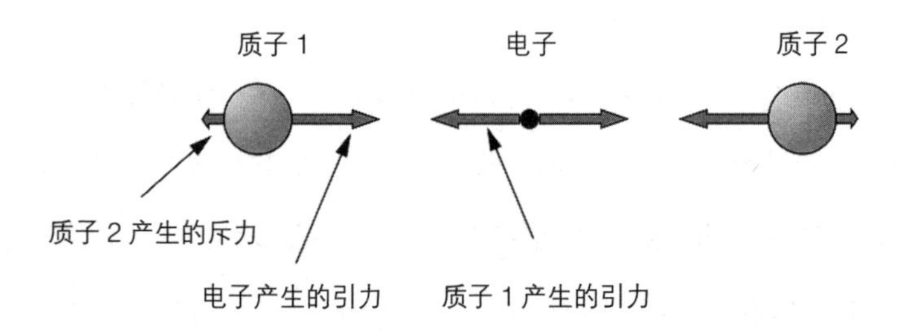

图 2-6　氢分子离子

但根据牛顿力学，这个系统并不稳定。电子的位置只要稍微接近任一方的质子，电子和质子就会合并到一起，而另一个质子则无法再继续停留在这个系统之中。

由 2 个质子和 1 个电子组成的系统要想维持稳定，电子就不能是遵循牛顿力学的粒子，而是需要形成驻波。在描述驻波的薛定谔的波动方程之中，出现了取决于质子之间距离的库仑势。根据计算，要想形成稳定的驻波，质子之间的距离应为 0.106 纳米。

氢分子离子的体积也和氢原子一样，取决于驻波的波形。

在氢分子离子之中，位于 2 个质子中间的电子并没有被任何一方的质子束缚，处于 2 个质子共有的状态。这种以共有电子结合的原子核（或者说离子）被称为共价键。本来只有 1 个电子属于不完整的共价键，要想实现完整的共价键需要有 2 个电子（电子对）。有电子对实现的共价键非常坚固，轻易不会崩溃。

在单独只有 1 个氢原子的情况下，电子呈球状分布的状态（1s）是稳定的最低能量状态。但 2 个氢原子相互接近时，共振条件发生变化，可能出现能量更低的驻波。这就是 2 个电子和 2 个质子实现的完整共价键状态。电子有向低能状态移动的性质，因为氢分子具有比单独的氢原子能量更低的状态，所以不需外部施加任何作用，两个氢原子也会自然而然地产生反应形成氢分子。

用物理学解释化学

除了共价键之外，分子与结晶的结合还存在其他的形式。比如金属结晶就存在不受原子核束缚，能够在缝隙间自由移动的电子。这也是金属结晶（金属键）比钻石结晶（共价键）更容易变形的原因。我们平时在金属表面看到的亮闪闪的金属光泽，就是由自由移动的电子发出来的。氯化钠结晶的电子因为偏向于钠原子一侧，所以受到钠原子的束缚，这种类型被叫作离子键。由于离子键的结合力比较弱，所以当氯化钠结晶溶于水时就会立即分解为钠离子和氯离子。

分子和结晶的形状，是由原子核的配置所能产生的共振模式决定的。以水分子为例，水分子由 1 个氧原子和 2 个氢原子组成，氧原子和 2 个氢原子之间各共享 2 个电子，组成了 2 组共价键。再加上 2 个氢原子之间存在相互的作用力，所以水分子呈角度固定的 V 形。

像蛋白质这样巨大的分子，只要稍微改变原子核的配置，就会出现许多种共振模式。因此，蛋白质分子会随着与外部的能量交换而改变分子的立体结构。蛋白质分子的基本结构是由氨基酸组成的锁链状，但与水分子结合后，能量状态发生改变，锁链开始出现复杂的弯曲。但这种弯曲并非毫无规律的弯曲，而是能够实现驻波的固定变化。蛋白质分子通过阶段性地产生这种固定的变化来发挥出复杂的机能，维持生命体的活动。

关于分子和结晶内部出现的共振模式，理论上来说可以使用薛定谔的波动方程来进行计算。但实际的计算过程极其复杂，而且只能计算出近似值。

古典的原子论完全无法解释说明在发生化学反应时原子之间的结合发生了怎样的变化。但如果以电子形成驻波为前提进行思考，原子核通过改变位置使共振条件发生了变化，就能解释为什么会出现化学反应了。

“电子是波”的理论

薛定谔认为电子是波的一系列论文发表于 1926 年，但在此之前，德布罗意就提出了物质波的理论。

早在 20 世纪初期，科学家们就已经发现氢原子拥有的能量是被限定为整数的离散值。那么，为什么会产生这种能量的限制呢？德布罗意认为原因在于电子拥有波的性质。虽然他并没有更进一步地想到这个波是驻波，但还是基于这个理论导出了动量与波长之间的关系。

1924 年，德布罗意向学校提交了关于电子波动的博士论文。因为论文的内容完全超出了常识，负责答辩的教授们只能向爱因斯坦寻求意见。爱因斯坦对德布罗意的论文给出了极高的评价，并且在 1925 年发表的关于理想气体的论文中引用了德布罗意的研究结果。

电子是各种放电现象的主要载体。在 18 世纪后半段，科学家们就发现在物质内部有电流动，但关于电的实体却一直是个谜。到了 19 世纪末，科学家们终于通过阴极射线实验发现了电子。

阴极射线，指的是对真空管施加强大的电压时，从阴极一侧发出的能量流。科学家们为了搞清楚阴极射线的真面目，通过添加电场和磁场来观测阴极射线的前进方向发生了怎样的变化，结果发现阴极射线的运动状态与带有一定质量和负电荷的粒子遵循牛顿运动公式运动时的情况相一致。既然阴极射线的前进方式与遵循牛顿力学的荷电粒子的运动相同，那么阴极射线很有可能就是许多粒子聚集在一起移动的射束。也就是说，阴极射线是作为电流载体的粒子向外部飞出产生的射线。科学家们将这个粒子命名为电子。

但德布罗意认为，电子的真面目并不是粒子，而是与粒子截然不同的波。这就是以物质的状态真实存在的波——“物质波”。

但德布罗意似乎并不能在粒子和波之间做出二选一的决定，所以在他的论述中采用了“电子内部存在振动”和“电子带有波”等模棱两可的说法。因此他的理论缺乏说服力。

薛定谔将德布罗意模棱两可的理论发展成为系统化的理论。他对爱因斯坦的论文中引用的德布罗意的研究产生了浓厚的兴趣，于是仔细地阅读了德布罗意的博士论文，并且在其中找到了解决长久困扰物理学界问题的关键。原子内部的电子拥有的能量，为什么被限制为特定的值？因为“物质波形成了驻波”。

现在我们完全无法得知薛定谔究竟是如何推导出波动方程的，因为他留下的研究笔记之中缺失了最关键的部分。根据推测，他可能是以著名的亥姆霍兹方程为基础，通过重现德布罗意提出的动量与波长之间的关系，推导出了电子的波遵循的波动方程（薛定谔波动方程）。

德布罗意的理论无法证明电子的实体究竟是粒子还是波，或者既不是粒子也不是波。虽然德布罗意推导出了动量与波长之间的关系，但却没有归纳出任何能够与实验数据相比较的结论。

与之相对的，薛定谔提供了一个能够计算电子拥有的能量的工具，并且能够应用于许许多多的领域。他提出的薛定谔波动方程，即便到了100年后的今天，仍然是分析微观世界发生了什么的重要计算手段。毫无疑问，薛定谔的理论为20世纪物理学的飞跃性进步奠定了基础。

薛定谔理论的缺陷

薛定谔用自己推导出的波动方程对氢原子中电子的能量进行了计算，取得了与实验数据相一致的结果，并总结出了相关的理论。他以此为基础，提出了“电子是波”这一崭新的“波动力学”。薛定谔认为，根本不存在电子这个粒子，只是波像粒子一样运动而已。

但另一方面，他也犯了一个非常严重的错误。他将自己在方程中使用的波动函数直接解释为电子本身。

波动函数在原子内部呈驻波的形状，表示特定的能量状态。因为（当时和现在都）没有办法观测原子之中的电子处于怎样的状态，所以即便认为“电子等于驻波”，与观测事实之间也不存在矛盾。

但是，原子外侧的电子却和薛定谔的理论完全相反。正如阴极射线的实验结果所显示的那样，在真空中飞行的电子，毫无疑问表现出了粒子的特性。

遵循薛定谔波动方程的波，在原子外部并不能维持粒子的状态，而是会随着时间流逝而扩散。因为在原子外部，电子的波并没有被封闭，所以无法形成驻波。

虽然薛定谔提出，即便在原子外部，波是集中在狭小范围内的孤立波，但必须假设存在一种非常特殊的势，这并不现实。没有被封闭起来的波会向周围扩散导致波形崩溃，这可以说是物理的必然。

如果想让薛定谔提出的波动力学和观测事实同时成立，电子必须在原子外侧是遵循牛顿力学法则的粒子，而一旦被封闭，就像溶化了一样变成波。这实在是非常不可思议的现象。

当时提出了与波动力学截然相反的矩阵力学的沃纳·海森堡对薛定谔的这一问题提出了质疑。最终，薛定谔撤回了“电子是波”的理论，重新将自己提出的波动函数定义为表示电子概率波动的函数。

第三章　什么是“通俗易懂的量子理论”？

薛定谔提出的“电子不是粒子而是波”的理论，无法对阴极射线等实验中电子呈现的粒子特性进行解释和说明。但这并不意味着来到原子外部的电子就一定是遵循牛顿力学法则的粒子。因为即便在原子外部，也存在着许多不遵循牛顿力学法则的情况。比如电子衍射的现象。这个现象最早于 1927 年被发现，也就是薛定谔发表第一篇论文的第二年。接下来让我们看一个电子衍射最简单的例子——双缝实验（图 3-1）。

在进行双缝实验时，将电子束穿过两个狭窄的缝隙照射到显示屏上，会出现明暗交叉的干涉纹现象。虽然名字叫“双缝实验”，但实际上常用的是两个静止的原子使电子束分散。在 19 世纪初期，很多科学家都怀疑光是否是波，托马斯・杨通过双缝实验中光束形成的干涉纹，为光是波这一结论提供了决定性的依据。同样，如果电子束也出现干涉纹，就说明电子也是波。

薛定谔提出的波动力学，能够对原子内部电子的能量是离散值进行解释说明。而来到原子外部的电子，被阴极射线实验证明近似于遵循牛顿力学法则的粒子。但双缝实验又证明了即便在原子外部，电子也有波动的情况。

有没有能够将电子表现出的波和粒子的特性统一解释的理论呢？答

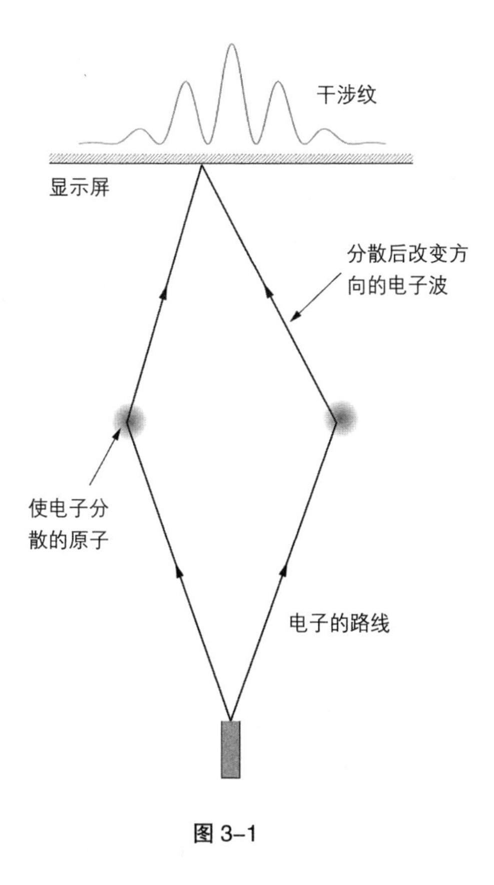

图 3–1

案是，有，那就是帕斯库尔·约尔当提出的量子场论。简单概括的话，电子是“在特定状况下会表现出粒子特性的波”。

从“粒子”到“场”

如果不能采用薛定谔“电子是波”的主张，那么就只能站在“电子既是粒子也是波”这一直观的立场进行思考。海森堡等人以这个难以理解的前提为基础提出了系统化的理论，为现在的量子理论打下了基础。

因为海森堡等人最初使用的是名为“矩阵”的数学工具，所以这个理论一开始被称为“矩阵力学”，后来演变为现在的“量子力学”。

海森堡等人在将理论系统化时采用的方法是，“先将电子看作粒子，然后再添加不确定性原理作为条件”。

在牛顿力学中，能够定义粒子在运动时的位置和动量（速度与质量的乘积）。在量子力学中，虽然也可以用同样的方法定义电子的位置和动量，但需要加入不确定性原理的关系式。

不确定性原理指的是，无法同时确定电子的位置和动量的值，因为这种不确定性之间存在相互对立的关系。在这种对立关系的影响下，如果确定位置就无法确定动量，反之，如果确定动量就无法确定位置。

因为无法确定数值，所以在量子力学中，电子的位置和动量并不是单纯的数字，而是一个拥有特殊性质的值（专业术语叫作“算子”）。将牛顿力学量子化之后，本应是粒子的电子就会呈现出类似于波的特性。

由此可见，海森堡等人的量子力学采用的是“首先从粒子的力学角度出发，然后将位置和动量等力学的物理量量子化”的方法，所以也可以说是“粒子的量子理论”。

海森堡等人在进行推导的时候并没有给出具体的示例，而是仅凭算式的关系来进行计算，所以让人非常难以理解。薛定谔则撤回了自己之前“电子是波”的论述，重新提出将电子看作粒子但无法确定位置，并且表现出波的特性这一让人有些摸不到头脑的论述，这些晦涩难懂的理论时至今日仍然困扰着许许多多的物理学习者（海森堡等人比薛定谔更早地提出了系统化的理论，关于这部分的内容请参见第二部分）。

但与海森堡进行共同研究的约尔当却率先发现了突破口，他提出了一个使薛定谔的波动力学起死回生的全新理论。

以电子为例，约尔当和薛定谔一样，认为电子的波是真实存在的。但薛定谔认为这个存在就是电子本身，而约尔当则退了一步。

他假设产生电子的波的是一个广泛存在于空间内部的“电子场”。只要满足某种条件，电子场就会产生出像粒子一样性质的波——这就是约尔当提出的理论。

他并没有从粒子出发，而是先提出一个实际存在的场，然后以此为基础通过将场量子化到粒子的性质，因此被称为“量子场论”。

“量子场论”究竟是什么理论？

在 19 世纪，人们认为电场和磁场是一种叫作以太的物质充满整个空间的状态。于是有人提出，就像气体分子移动产生密度变化会发出音波一样，一部分以太发生位置变化使空间内部出现扭曲，就会使电场和磁场的强度发生改变而产生波。但如果以太在空间内部发生位置变化，位于地面上的观测者就应该能够观测到伴随地球公转产生的以太流。但实际上没有人观测到这种以太流，所以上述观点被否定了。于是科学家们认为电磁场与空间是一体的，并不会相对于空间产生移动。那么，电磁场究竟存在于何处呢?

约尔当认为，电磁场（准确地说是基于电磁场的电磁势）并不存在于人类认知的现实空间（拥有长、宽、高的三维空间）之内，而是存在于“电磁场专用”的空间内部。这个电磁场专用的空间有无数个，相互连接组成一个网络。这个网络的几何学结构，就是人类认为（或者说误认为）现实存在且拥有长、宽、高的三维空间。电磁场专用的空间在力学的意义上来说非常“狭窄”。

因此，当专用空间内部的电磁场产生振动，波因为被封闭在有限的领域之内，就会形成驻波，能量也被限制为特定的值。但这不像粒子的量子理论那样存在“是粒子但无法确定位置”的矛盾，而是可以用“电磁场并非在专用空间里收缩为一点，而是扩散为许许多多的值”来给出合理的解释。

专用空间内部产生的驻波通过三维的网络相互作用，整体表现出在三维空间中传递的波的特性。因为其能量符合驻波的特征被限定为特定值，所以在被观测时就像是一个聚集在一起移动的能量块。

在约尔当提出这一理论的 20 年前，爱因斯坦就发现光是聚集在一起的能量块，他将这个能量块称为能量量子或者光量子。“量子”这个表述也是沿用了爱因斯坦的想法。约尔当的理论更进一步地解释了爱因斯坦提出的能量量子具体是什么。

约尔当从 1926 年到 1928 年一直致力于量子场论的研究。1927 年他在与克莱恩的共同研究中发现，像电子那样的物质粒子，也可以解释为因为场的振动而产生的能量量子。

简单来说，电子的波并不像薛定谔想的那样在现实的三维空间内扩散，而是和电磁场一样，首先在“电子专用”的狭小空间中形成驻波，这个驻波在狭小的空间内部呈现出拥有特定能量的共振模式。“拥有特定能量的共振模式”就是电子的场的能量量子。在阴极射线实验中呈现出粒子特性的，并不是作为粒子拥有实体的电子，而是作为电子场的驻波产生的能量量子。

因为与约尔当进行共同研究而对这一理论产生兴趣的沃尔夫冈·泡利在 1929 年到 1930 年间，与海森堡联名发表了长篇论文《论量子力学》。正是这篇论文为量子场论打下了基础。

电子没有个性

根据量子场论，一切物理现象的根源都存在场的波动。

每一个场都有专用空间并在这个封闭的空间内形成驻波。在不受到周围干涉的情况下，孤立的波拥有特定的能量，形成稳定的共振模式。这个稳定的模式所呈现出来的特性与粒子完全相同。

通过量子场论，就能解释“为什么所有电子的质量都相同”。

在第二章中，我们提到了原子同一性的起源。原子序数和质量数相同的原子，能量和体积也是相同的。这是因为这些原子都形成了同一模式的驻波，原子的能量和体积都是由这个驻波决定的。

量子场论将上述理论直接应用到了电子上。所有的电子都拥有相同的共振模式，所以都拥有相同的能量，呈现出同样的粒子特性。根据相对论，被封闭于某领域内部的能量在外部看来相当于质量，所以电子的质量也全都是相同的。

刚开始学习量子力学的人最容易产生混乱的，就是电子具有无论用什么方法都无法相互加以区分的性质。明明在阴极射线实验中可以将其当作粒子，难道电子没有自己的特性吗？原因在于，电子实际上并不是粒子，只是波的一种形态而已。

比如河水表面有许许多多的波纹，被岩石分割开的水流又再次汇聚到一起，在这种情况下想要给每个波纹做上记号并加以追踪相当困难。波本身并没有个体性，只有持续振动这唯一的特征。与之同样，电子也没有个体性和自己的特性。

波为什么成为粒子？

通过量子场论进行调查，就能发现电子成为粒子的条件。电子场产生的波呈现出粒子的特性，仅限于周围的作用力很弱的情况。如果满足上述条件，拥有特定能量的驻波就处于稳定状态，维持一定质量的电子完全可以像粒子那样运动。但如果周围有很强的作用力使驻波出现紊乱，那么电子就很难像粒子那样运动。

在阴极射线实验之中，只有电子撞击屏幕等特定的瞬间，电子才会与其他物质产生相互作用，而除此之外的绝大部分时间都处于孤立状态。因为是在真空中进行的实验，周围的作用力非常弱，所以电子能够维持像粒子一样的状态。

但在原子内部，因为库仑势的存在，电子一直受到原子核的作用力的影响，所以无法维持粒子的状态。被原子束缚的电子之所以像溶化了一样失去粒子的特性，就是这个原因。

双缝实验就是利用两个原子来使电子分散，电子在穿过原子内部之后，运动方向会出现巨大的改变，就是因为强作用力的影响。在这些作用力的影响下，电子专用空间中的驻波出现了紊乱，使其失去了粒子的特性。如果电子的实体是粒子，那么在电子抵达屏幕时，肯定会被其中一个原子分散。但实际上，在分散的过程中，电子本身并没有粒子的特性，由于受到两个原子的影响，所以无法确定电子究竟是被哪一个原子分散（详细内容见第八章）。

受周围强作用力影响的电子完全失去了粒子的特性。

“既是波又是粒子”的矛盾

很多关于量子理论的科普读物中，都说光和电子“既是波又是粒子”。但包括专业的物理学家在内，没有人能够理解这句话究竟是什么意思。虽然也有人认为“量子理论本来就是人类无法理解的理论”，但实际上大可不必上升到这么哲学的层面。因为直接说光和电子是波也没有关系。

光和电子既是波，在孤立的状态下又会呈现出粒子的特性。因为在不受其他作用力影响的情况下，能够维持稳定的共振模式的驻波，这个驻波可以看作是粒子。

在物理学实验中，有许多将电子当作粒子的情况，阴极射线实验就是最典型的例子。电子能够在只有弱点磁场的真空中长距离移动。因为在这个过程中周围几乎没有作用力的影响，所以电子能够维持粒子的特性。

但在发生化学反应时，由于受到原子内部库仑势的影响，电子就无法维持粒子的特性。比如常见于有机化合物中的苯环，想确定电子位于六角形的哪一个位置非常困难。像苯环这样以共价键牢固地连接在一起的分子，电子绝对不会表现出粒子的特性，只要分子维持结合的状态，就无法确定电子的位置，因为一直受到周围作用力影响的电子无法维持稳定的驻波。

电子是波。只是在某些特定的条件下会呈现出粒子的特性。

什么是不确定性原理？

在量子力学的教科书中，经常会在一开头就提到不确定性原理，使学习者陷入混乱。但只要记住电子是波，就没有必要对这个“原理”过于在意。

关于原子的结构的最大谜团就是电子为什么没有贴在原子核上。如果电子遵循库仑定律被原子核吸引，并且遵循牛顿力学法则进行运动，就应该紧紧地贴在原子核上无法离开。但这样一来物质就会崩溃，我们所在的整个世界都会像气体一样消散。

根据海森堡等人的说明，电子与原子核之所以没有贴到一起，是因为不确定性原理。

原子核与电子在原子中的活动范围相比非常小，所以电子和原子核贴在一起的状态，是可以确定位置的状态。但这样一来动量的不确定性就会增加，导致动量和动能增加。而此时仅凭库仑力就无法将电子限制在狭小的范围之内，会使电子离开原子核。结果就是电子无法与原子核贴在一起。

相信没有多少人看到这个说明会有种“原来如此”的感觉。

如果电子不是粒子，只是波呈现出粒子的特性，那么就根本无法确定位置，这样说明起来更加简单，只需要一句话，“很难将波挤进狭小的范围之中”。即便在库仑势的影响下波被原子核吸引，也无法收缩到原子核的位置，必然拥有一定的范围，更别说只在原子核的地点产生波了。

量子场论的不确定性原理并不是位置与动量的矛盾关系，而是场的强度与其时间微分（短时间内发生什么变化）的矛盾关系。在粒子的量子理论中，不确定性原理是一个将电子看作粒子却无法确定位置的非常难以理解的理论。但在量子场论之中，场的强度是无法确定的值，所以可以用“在电子专用的狭小空间中，场的值作为波扩散”来进行解释说明。

为波准备的空间

薛定谔撤回自己波动力学理论的原因有两个。第一个是前面提到过的，他无法解释电子在原子外部时的特性。但对薛定谔来说更大的问题恐怕是另一个谜团，那就是存在多个电子的情况下波动方程的形式。这

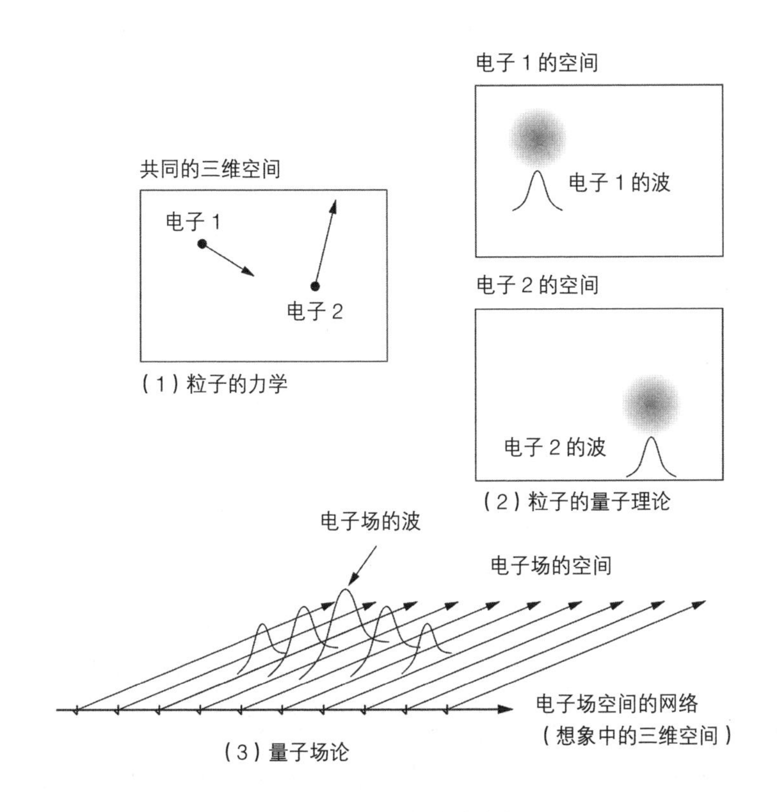

图 3-2　产生电子的波的空间

部分的问题在于，电子究竟存在于什么样的空间之中。

为了便于大家理解，请看图表（图 3-2。这只是为了便于大家理解而作的图，波形等并不准确）。

遵循牛顿力学的“粒子力学”，在一个三维空间内部存在多个（图中是 2 个）粒子，相互之间存在作用力。利用牛顿力学对阴极射线实验进行分析时，也采用的是同样的方法。

但在讨论“粒子的量子理论”时，存在 2 个电子的情况下，就必须给每个电子都准备一个专用的三维空间。电子的位置因为不确定性原理而无法确定，只能保证存在于每个专用空间的范围之内。

薛定谔提出的理论也与之相似，各个电子的波都在各个三维空间内变动［图 3-2（2）］。在单一的媒介内部不存在多个波，而是每个电子都有一个专用的三维空间，每个空间内部各有 1 个代表电子的波。

薛定谔最初只考虑了像氢原子那样只含有 1 个电子的系统，所以没有想到必须解决每个电子都有独立空间的问题。后来当他发现自己的理论存在如此奇妙的形式时，对电子是波的波动力学失去了信心。

但从量子场论的角度来看，空间的概念就发生了变化。人类认为现实存在的拥有长、宽、高的三维空间，实际上只存在于想象之中。实际上真正存在的是电子场专用的狭小空间。我们常识中的三维空间，实际上是由无数个这种狭小的空间相互连接组合而成的三维网络。

如图 3-2（3）所示，在无数个狭小的专用空间中存在电子场的波，如果周围的作用力较弱，就会形成驻波。因为这些狭小的空间连接在一起，各个驻波也会产生相互协调的变动，这就是在阴极射线等实验中观测出一个电子特性的原因。

薛定谔推导出的波动函数，表示的就是与这种协调的变动相类似的情况。因为这是在各个电子场的专用空间中产生的变动，所以在表述上也需要说明每个电子都有专用的空间。如果不像量子场论这样设定一个“狭小”的空间，而是在巨大的三维空间中对波进行思考，就会遇到波随着时间的推移而消散的难题。

到此为止，对量子场论的说明实际上只是相当简化的表述。为了保证一个电子一直保持一个的状态，就必须讨论基于规范理论（电子场遵循的数学规则）的电子数量的保存。如果不解释电子场的旋量构造（适用于四维空间的几何学特殊结构），就无法理解为什么形成完整共价键的电子数量是 2 个。总之，读者现在只要理解量子场论究竟是怎样的一个概念就可以了。

但我希望大家能够理解一点，那就是虽然量子场论非常的晦涩难懂，别说普通人，就连物理学家如果不是专门研究相关领域的话都难以理解。但难以理解并不意味着像海森堡的量子力学（粒子的量子理论）那样无法理解。因为在量子场论之中没有“电子是粒子但无法确定位置”或者“没有自己的个性”这种不可理喻的理论，只有“电子是波，在周围的作用力较弱时呈现出粒子的特性”这种非常合理的解释。

量子场论的缺陷

第二次世界大战期间，关于量子场论的理解非常不成熟，很多人都认为这是既可以解释为粒子也可以解释为波的模棱两可的理论。而且利用量子场论对某些情况进行计算时，因为无法得到有限的积分，所以没有准确的答案。泡利认为这个问题难以解决，是理论本身存在的缺陷。因此，量子场论在很长的一段时间里都没有得到科学家们的重视。

但在战争结束之后，许多参与军事研究的科学家又重新回归到理论研究的领域，量子场论在 20 世纪 60 年代取得了长足的进步。在这一时期，因为出现了重正化群的方法，使积分可以得出有限的值，再加上对质子和中子结构的研究取得了进展，科学家们对使用量子场论来表述基本粒子（光子、电子、夸克、胶子等，存在于一切物理现象基础的物质）充满了期待。

到了 20 世纪 70 年代，这一期待成为现实。科学家们发现利用量子场论能够对几乎所有已知的基本粒子现象进行说明，并且确立了“基本粒子的标准模型”。从此以后，说起量子理论就是指量子场论，围绕量子理论的许多晦涩难懂的表述都成为过去式。

通俗易懂的量子理论与其敌人

量子理论的本质是“物理现象的根源中存在细微的波动”这一自然观。这个波动因为被封闭在狭小的空间之内，所以形成了驻波。原子、分子、结晶等表现出来的量子效应，都是这种驻波的影响表面化的结果。在驻波的影响下，出现了拥有几何学秩序的广阔空间，使物质拥有体积与形状。水分子总是保持一定的角度，氯化钠结晶中氯原子和钠原子规则排列，都是受驻波影响的结果。

量子效应起源于场中产生的波动。只要能理解存在于一切物理现象根源中的波动，就能理解量子效应产生的机制。

但这种“通俗易懂的量子论”目前尚未得到普及。“既是粒子也是波”“无法确定位置与动量”等晦涩难懂且无法直观理解的理论，仍然是讨论的主流。为什么会出现这种不合理的情况呢?

正如前文中提到过的那样，以波的概念为基础构筑量子理论的是爱因斯坦、薛定谔、约尔当等人，但他们在量子理论的研究史上都被摆在了支系的位置。说起构筑标准量子理论的物理学家，与前面提到的三位相比，人们更重视尼尔斯·玻尔、海森堡以及保罗·狄拉克取得的成绩。

但问题在于，玻尔等人的学说与爱因斯坦等人的主张相比，非常难以理解。明明可以用通俗易懂的语言来进行说明，但玻尔等人晦涩难懂——甚至可以说是完全无法理解——的学说，却成了标准的量子理论。之所以会出现这样的情况，其中存在着非常复杂的历史原因。关于这部分内容，我将在本书的第二部分进行说明。

第二部分 >>>

量子理论的两个分支

人们常说“历史由胜利者书写”。科学史也一样。到目前为止，所有关于量子理论的历史记录，都是以当时被认为是主流理论的构筑过程为中心。因此，提到的几乎都是玻尔和海森堡等被认为是创立了量子力学的物理学家们。但这种观点真的正确吗?

量子理论起源于 20 世纪 20 年代出现的波动力学和矩阵力学，后来两者被统称为“量子力学”，但这并不意味着量子力学理论到此就彻底完善。因为在随后的几十年里，科学家们一直在不断地完善“量子场论”。到了 20 世纪 70 年代，基本粒子理论领域相继有了许多全新的发现，科学家们才建立起了被称为“基本粒子标准模型”的体系。

这个标准模型可以说是目前量子场论的终点，由马克斯·普朗克在 1900 年发现，科学家们几乎花费了大半个世纪的关于量子理论的研究终于告一段落。顺带一提，这里所说的“模型”，指的是为了论述某种范围内的现象而使用的理论与数据，并不是永恒的真理。俯瞰接近 3/4 个世纪的量子理论的变迁，将大部分的功劳都归于玻尔和海森堡的科学史实在是有失公允。

这两个人提出了非常复杂的哲学理论。以此为契机，不仅物理学界，其他领域的有识之士也都参与到这场争论之中。因此，量子理论的历史经常被说成是围绕玻尔与海森堡这两个主人公展开争论的故事。但从前期量子理论到完成基本粒子标准模型的漫长过程来看，这些争论只不过是历史长河中的一小段插曲罢了。量子理论的真正目的，还是围绕“物理现象的根源之中究竟存在着什么”这一问题展开的纯粹的物理学探索。

在本书的第二部分，我将主要介绍以这一纯粹探索为主要目标的物理学家，他们分别是爱因斯坦、薛定谔以及约尔当。他们不是只满足于找到与现象相一致的数学公式，而是以振动和波这样具体的想象作为指导原理，考察隐藏在现象深处的内容。但他们的研究并非一帆风顺。爱因斯坦虽然提出了光量子论，却没能解释清楚量子化的机制，薛定谔因为提出了波动一元论而遭到了海森堡的批判，约尔当没能克服波动场理论的内在缺陷——他们之所以在量子理论上被认为是非正统的物理学家，也是情有可原。

即便没有明确的想象，或者提出过错误的理论思考，但只要最终提出了能够对后续的理论展开提供帮助的模型和计算工具的物理学家，就会被认为是该领域的正统派。玻尔、海森堡，以及提出了能够作为基本粒子理论工具的摄动理论方法的狄拉克就是其中的代表人物。接下来，让我们对量子理论研究中的两个分支进行一下对比。

第四章　玻尔 vs 爱因斯坦

根据教科书对科学史的记载，爱因斯坦被描述成了一个在量子理论的发展过程中表现得极端顽固的保守主义者。虽然他在被称为“早期量子理论”的初期阶段做出了重要的贡献，但自从 20 世纪 20 年代后半段开始，爱因斯坦就再也没有提出任何具有革命性的理论，而且总是对新的理论进行批判。

另一方面，玻尔则从哲学的观点论证量子力学的理论，作为海森堡等年轻学者的导师发挥着重要的作用——许多教科书上都是这样写的。

但只要对比一下爱因斯坦和玻尔发表的论文就会发现，情况远远没有教科书上写的那么简单。爱因斯坦基于具体的想象去探究量子的谜团，而玻尔则是根据许许多多的数学算式来摸索与实验结果相一致的理论，他们两人探寻真理的方法截然不同。如果只看结果，爱因斯坦没能将自己的想象理论化，而玻尔则成功地构筑了实用的原子模型，所以对两人在历史上的评价才会出现这么大的差异。

在第四章中，我将重点介绍爱因斯坦与玻尔在方法论上的差异。首先让我们来看一看对于堪称量子理论出发点的普朗克的发现，两人都做出了怎样的应对。

普朗克发现能量量子

在思考量子理论的历史时，普朗克发现能量量子是一切的出发点。

在争夺殖民地的竞争中被西欧诸国甩在后面的普鲁士，从 19 世纪后半段开始为了充实国力而在炼铁上投入了大量的精力。炼铁最重要的是对熔化的铁矿石进行严格的温度控制，在适当的时机去除铁水中的杂质。但普通的温度计无法测量铁水的温度，工人们只能根据“温度低的时候呈红黑色，高温时颜色发白”的经验来进行判断。

于是物理学家们就需要开发出一种能够根据高温的铁发出的光来测量铁的温度的方法。当时人们已经通过路德维希·玻尔兹曼提出的统计力学掌握了在温度达到一定值的情况下能量分配的普遍规则。根据这一规则，就能够计算出在达到一定温度时应该将能量按照怎样的比例分配给不同振动数量的光。因为振动数量与光的颜色有关，所以应该能够判断出温度与颜色之间的关系。

物理学家们假设了一种表面不反射光的“黑体”，研究在不同温度

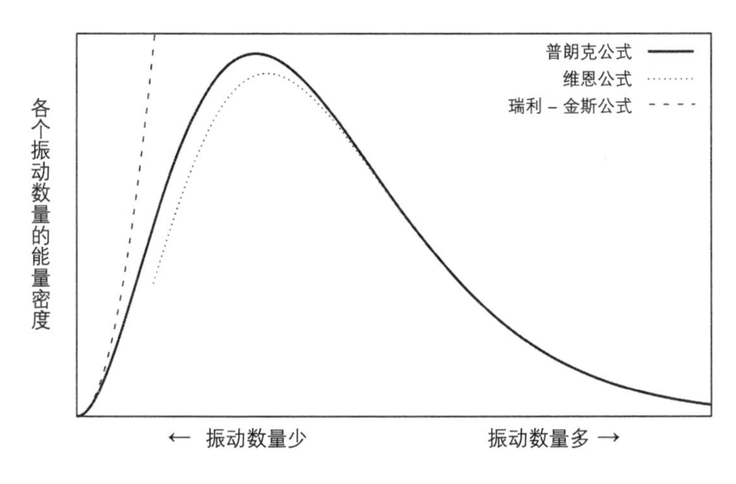

图 4-1 普朗克公式

时的振动数量会发出什么强度的光，一直没能找到与观测数据相一致的理论。

19 世纪末之前，物理学家们根据积累下来的经验，在振动数量多和少的两侧，分别推导出了能够重现实验数据的两种算式。但这两种算式在振动数量发生改变后与实验数据之间都会出现巨大的偏差。与这两种算式展开激烈斗争的普朗克，终于在 1900 年将这两种算式完美地结合在一起，导出了与全部振动区域的数据都保持一致的算式，这就是我们现在所熟知的普朗克公式（图 4-1。将与振动数量多的部分的数据相一致的维恩公式和与振动数量少的部分的数据相一致的瑞利 - 金斯公式连接起来的就是普朗克公式。坐标轴的比例由温度决定）。

普朗克的伟大之处就在于此。他拼命地思考自己发现的算式究竟存在怎样的物理意义，终于得出了一个结论。黑体在进行电磁场与能量的转换时，会交接振动数量 v 的光与“与 v 成比例的能量要素

（Element）”（ν 是常用来表示振动数量的希腊字母，读作“牛”）。普朗克在这里使用的比例系数，是用当时常用的物理常数组合而成的，但现在这个比例系数已经被看作是一个普遍性物理常数，被称为“普朗克常数”，符号是 h。

但普朗克存在一个非常大的误解。他认为能量之所以被限制为 hν，是因为在原子内部存在一种能够发出特殊振动的物质。当时人们尚未发现原子核，完全不知道原子究竟是什么结构，所以普朗克认为“发出这种不可思议波动的是原子内部的未知区域”也是理所当然的。许多赞成普朗克想法的物理学家都致力于揭开原子内部的奥秘，找出不可思议的振动的真相。

但爱因斯坦却不认同普朗克的想法，他发表了一篇关于“能量被限制为特定值是因为电磁场的性质”的论文。

爱因斯坦的革新

在 1905 年发表的论文中，爱因斯坦提出光是由无数个能量的块组成的。论文中指出“特定振动数量的光……在热力学上，就像是由‘常数 × 振动数量’（在论文中有具体的算式）的相互独立的能量组成”。将常数写作 h，振动数量写作 ν，就能得出“能量量 =hν”。

“能量量”在德语中写作“Engergiequanten”，翻译成英语是“energy quanta”。“quanta（单数形：quantum）”的意思是非常少量的，“a quantum of effort”翻译过来就是“微小的努力”。这个“quanta”翻译成汉语叫作“量子”，实在是非常精妙。

在某个事物的后面加上“子”作为结尾，表示一个整体，比如将写有文字的纸张结集成册就被称为“册子”。顺带一提，日本最早在西欧科学的翻译中使用“~ 子”这个说法的，似乎是在 19 世纪初期翻译的力学教材之中，将代表物体被分为很多小块的“corpuscle”翻译为“分子”。后来“分子”这个词作为“molecule”的译文被固定下来。在爱因斯坦发表这篇论文之后，hν 代表的能量块不局限于代表光，被普遍地称为“能量量子”。

到了 19 世纪中期，詹姆斯·克拉克·麦克斯韦提出了电磁场的振动能够作为波以一定的速度传播的理论，因为传播速度与已经测定的光速相一致，所以他得出了光是电磁场波动的结论。根据麦克斯韦的理论，电磁场的波动所拥有的能量与振幅的平方成正比。一般来说，振幅可以设定为任意的值，所以能量应该也可以是任意的值。

但根据爱因斯坦的理论，振动数 ν 的光拥有的能量只能是 hν 的整数倍。强光并不是以更大的振幅振动的波，而是拥有更多的 hν 的能量块。爱因斯坦将这种能量块称为“光量子”。

光与气体分子相似

19 世纪后半段，德国与光热力学相关的研究突飞猛进，其中以飞跃性的理论引领整个学界的，就是威廉·维恩（图 4-1 中“维恩公式”的提出者）。在进行电磁实验时，常用一种叫作空腔谐振器的金属容器，这是将电磁波封闭在容器内部引发共振的实验仪器。维恩打算将其作为热力学的装备展开思想实验。

将电磁波封闭在一个内壁能够完全反射光的气缸内，然后将一个镜子制成的活塞推进气缸内部，这时电磁波的振动数和能量会发生怎样的变化呢（图 4-2）？通过这个思想实验，维恩推导出了光的热力学关系式。但他推导出的关系式与气体分子遵循热力学法则在气缸内部运动的

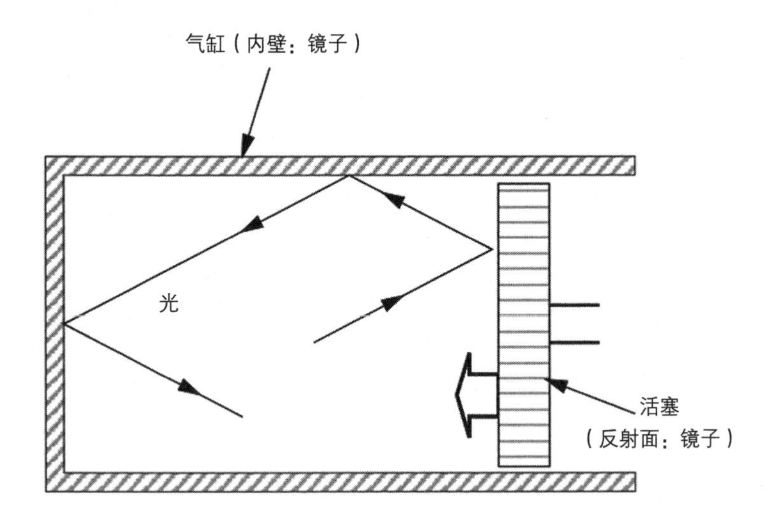

图 4-2　维恩的思想实验

气体分子运动论的公式十分相似。爱因斯坦注意到了这一点。

爱因斯坦凭借在液体中浮游的微小粒子在布朗运动（因为溶液分子相互冲突而产生的不规则运动）的影响下如何扩散的研究取得博士学位，所以他本身就是热力学与统计力学的专家。而维恩通过思想实验导出的光的热力学关系式，只是将气体分子持有的动能转变为光的振动数量 v 和常数的积，这给爱因斯坦提供了灵感。

爱因斯坦的理论指明了能量以特定的值“量子化”的原因。普朗克发现的“黑体与电磁场之间的能量交换以 hv 为单位”这一特性，并不是因为原子中某种神秘物质的振动，而是来自电磁场的特性。

不过他并没有采用“电磁场并不是连续的场而是粒子的集合”这一解释。虽然在后来的基本粒子理论中，大多将光量子看作粒子并称为“光子（photon）”，但爱因斯坦实际上只提出了场的振动能量以 hv 为单位的理论而已。

关于这一点，从爱因斯坦在计算固体的比热时采用的是与光量子理论相同的方法就能够得以证明。像钻石这种结晶体的比热，取决于提供热量时规则排列的原子的振动模式。爱因斯坦在 1907 年以原子的振动能量与光相同都是以 hν 为单位作为前提，找出了传统的理论预测与实际数据之间存在偏差的原因。

既然爱因斯坦以电磁场与结晶内部的原子的振动能量都被限定为 hν 的整数倍为前提，那么他肯定认为两者的能量的量子化会产生相同的机制。当时科学家们已经发现原子的振动并非粒子，所以爱因斯坦肯定不会认为光是粒子的集合体。

在现在的物理理论（关于物质的物理性质的理论）之中，将能量的值 hν 量子化的结晶内原子的振动称为“声子”。声子是固体物性中典型的量子效应，与在极低温的状态下电阻为零的超导等在低温条件下才能出现的现象有着非常密切的联系。

声子本身显然不是粒子，但因为能量被限定为离散的值，所以其振动在结晶内部传导的过程往往呈现出粒子的特性。像这种在结晶中原子振动呈现粒子特性的情况，对于理解后文中即将出现的量子场论具有非常大的帮助。

曾被认为是错误理论的光量子理论

在光量子理论提出之初，大多数的物理学者都对其持否定的态度。1913 年，当时的科学界巨擘普朗克和瓦尔特·能斯特在推荐爱因斯坦成为普鲁士科学院的会员时，也指出爱因斯坦的光量子假设是一个错误。可能是为了避免遭到更多的批判，爱因斯坦后来在论文中也不再强调光量子的理论。因此，马克斯·冯·劳厄、罗伯特·密立根、阿诺德·索末菲等著名的物理学家都误以为爱因斯坦撤回了关于光量子的理论，并对他的做法给出了好评。

但随着光的电磁效应相关的实验精度提升，风向发生了变化。尤其是密立根对光电效应（光照射在金属上的时候会飞出电子的现象）的精密测量对光量子理论的证明做出了巨大的贡献。1920 年左右，光量子理论的准确性得到了证实，1921 年爱因斯坦因为光量子理论被授予诺贝尔物理学奖。

光量子理论原本是用来记述光的统计学性质的方法，而非分析能量的量子化机制的理论。爱因斯坦在 1951 年写给朋友的信中也感慨道："虽然我花了整整 50 年的时间进行思考，但关于'光量子究竟是什么'这个问题的答案我仍然毫无头绪。"

从爱因斯坦手中接过接力棒揭开光量子谜团的是约尔当等量子场论的研究者们。

爱因斯坦从 20 世纪 20 年代中期开始，就将精力都投入到引力与电磁力学相统一的统一场论之中，而没有去继续进行量子场论的研究。量子场论作为有现实意义的理论得到飞速发展是在爱因斯坦去世之后的 20 世纪 60—70 年代，所以他当时对量子场论没有重视也是情有可原的。

虽然没有为量子场论做出直接的贡献，但爱因斯坦毫无疑问对量子理论的进展起到了决定性的作用。他敏锐地发现黑体辐射的能量单位之所以是 $h\nu$，并不是因为原子内部有神秘的振动体，而是因为电磁场。此外，他还发现可以用与测量结晶体内部原子振动同样的方法来测量电磁场的振动。在当时只有很少实验数据的阶段，爱因斯坦就已经洞察到了事物的本质。

玻尔提出的原子模型

爱因斯坦探寻的是存在于现象根源的本质，与之相对的，玻尔则致力于找出与现象相一致的算式。玻尔最有代表性的研究成果就是原子模型理论。

1910 年，科学家们通过实验发现原子由原子核与电子组成。在此之前，科学家们一直在讨论原子核与电子之间的关系是否与太阳系中太阳与行星的关系一样。但经过计算之后就会发现，这样的原子模型是不可能存在的。

如果电子围绕原子核旋转，电磁场就会出现周期性的变化，这种振动会向周围放射电磁波。而这种放射会带走电子的能量。就像人造卫星因为与大气层发生摩擦而失去能量最终掉向地球一样，失去能量的电子也会掉向原子核并紧紧地贴在原子核的表面。因为这一切都是发生在一瞬间的事情，所以就不可能存在拥有体积的物体。

以搞清楚原子结构为目标的玻尔，认为普朗克的理论或许能够解释电子为什么没有掉向原子核的机制。普朗克认为，在原子内部的振动体以振动数量 v 振动时，只能放射出能量为 hv 的块状电磁波。针对于此，玻尔认为在原子内部并不存在振动体，电磁波的振动数量是由围绕原子核运动的电子的运动决定的。放射出来的电磁波的振动数量与电子每秒绕原子核的圈数相同，但因为电磁波的能量必须满足普朗克公式，所以原子才没有崩溃。

具体来说，玻尔首先假设电子不放射电磁波，围绕原子核进行圆周运动，并建立牛顿的运动公式。然后，在电子和原子核相互接近形成原子的时候，玻尔认为此时根据普朗克公式以电磁波的形式释放出了 hv

的n倍的能量，在这个过程中失去的能量nhv 与束缚电子 1 秒围绕原子核转 v 圈的能量相等。将上述条件与运动公式组合到一起，因为包含了整数 n，所以轨道半径和束缚能量都为离散的值，由于连续的轨道半径减少，所以电子不会掉向原子核。这就是玻尔的思考。

但根据这一理论计算出来的结果，与束缚能量的实验数据不一致。在玻尔留下的研究笔记上，有许多他带入各种数值计算正确算式的痕迹。最终，他只能承认“束缚能量并不是nhv，而是这个数值的 1/2”：在改变条件之后，他终于得出了与实验数据完全一致的结果。就这样，玻尔在 1913 年发表了原子模型，也即我们现在所说的玻尔原子模型。

理论的拼凑

从现代物理学的角度来看，波尔认为“1 秒之内绕原子核 v 圈的电子放出的能量，满足振动数量 v 的光的普朗克公式”的假设十分荒谬。普朗克认为在原子内部存在振动数量为 v 的振动体的想法也是错误的。爱因斯坦认为“能量为hv 的块是电磁场的特性”的光量子理论才是正确的。

但在玻尔开始进行原子相关研究的 1912 年，“光量子理论是完全错误的，能量交换的单位为hv，原因在于放出电磁波的原子”是学界的共识。普朗克与玻尔的误解，只不过是在科学的历史上十分常见的错误而已，不应该遭到批判。

即便玻尔将电子的束缚能量从 nhv 改为了这个数值的 1/2，在物理学上也是错误的。但多亏加入了 1/2 作为系数，将这个条件算式与牛顿的运动公式组合起来之后，角动量（表示旋转势能的物理量）刚好与用圆周率的 2 倍除以 h 的值的整数倍相等。

索末菲根据这一结果整理出了“玻尔—索末菲量子化条件”，成为后来研究量子理论的基础，也给海森堡构筑矩阵力学创造了条件。将德布罗意的物质波理论代入这一条件，进行圆周运动的电子的轨道长度就与波长的整数倍相等，这意味着在原子内部能够形成驻波，与薛定谔的理论相一致。

“从错误的假设出发推导的条件算式，偶然击中了量子理论的核心”，因为幸运而诞生的玻尔原子模型在量子理论的发展过程中发挥了非常重要的作用。我毫不怀疑这一模型的历史价值和意义。但问题在于，玻尔认为他在构筑原子模型时采用的方法在物理学研究上是合乎规范的。

玻尔原子模型是通过将“电子在原子核周围遵循牛顿力学法则做圆周运动”这一古典理论与“无根据地添加电子的束缚能量为离散值的条件”这一量子理论相结合构筑出来的。“将两个截然不同的理论强行结合到一起，得出正确的结果”这一成功体验一定给玻尔留下了非常深刻的印象，使得他认为在原子物理领域“不能用人类能够理解的形式构筑前后一致的理论，而是需要将多个看起来互不相容的假设和条件组合在一起”。于是他提出了需要将截然不同的内容和理论互补地结合在一起的“互补性原理”。

1927 年，玻尔做了一场被认为是“量子力学宣言”的演讲（因为演讲的举办地也被称为“科莫演讲”），在演讲中他提出了互补性原理。这次演讲也给犹豫是否应该着手研究量子理论的物理学家们造成了巨大的影响。

以光为例进行说明吧。在古典理论中，光被认为是电磁场的波，但在量子理论中，光却是名为光量子的能量块，是像气体分子一样运动的粒子。那么，光到底是波还是粒子呢？这种模棱两可的理论似乎本身就存在矛盾，所以很多人都不知道是否值得深入研究。而玻尔却在演讲中指出，包含乍看起来矛盾的主张，正是原子物理的理论特性。

互补性原理认为人类的智慧存在无法超越的极限。自 18 世纪的哲学家康德以来，探求人类智慧的极限一直是德国观念论的重要论点。对哲学十分感兴趣的海森堡也受玻尔的影响，对量子力学中物理量的意义做出了自己的哲学诠释。

但也有人对互补性原理提出了质疑，这个人就是爱因斯坦。

玻尔与爱因斯坦的争论

爱因斯坦坚信，在现象的背后存在着整合的物理法则，所以他不能容忍像玻尔那样将毫不相干甚至矛盾的主张拼凑在一起的理论。这种在方法论上的差异，导致两人从 20 世纪 20 年代到 40 年代，展开了长达 20 年的争论。

在玻尔与爱因斯坦的争论中，最著名的当属 1927 年第五届索尔维会议中围绕“观测效应”展开的争论，关于这部分内容我将在第八章中做详细的说明。在本章中，让我们来看一下第六届索尔维会议（1930 年）上的争论。

这次争论的焦点在于不确定性原理的“普遍性”。不确定性原理指的是电子等在量子理论中被看作粒子的时候，无法同时确定其位置与动量，两者之间存在矛盾的关系。爱因斯坦虽然承认位置与动量不确定的可能性，但他认为这只不过是对现象做近似的描述时才会出现的特性，如果能够找到根源性的理论，那么这种不确定性就会消失。

在 1930 年的论战中，爱因斯坦反对不确定性原理的主要理论依据是相对论。

相对论明确了作为一切物理现象的框架的时间与空间的形式。如果不确定性原理是普遍性原理，那么就应该遵循时间与空间相统一的相对论。从时间与空间相统一的角度来说，时间的物理量能量与空间的物理量动量应该是成套的。那么在量子理论中，不确定性原理不仅要在空间的位置和动量之间，还要在时间的位置和能量之间也成立才行。

因为粒子在时间方向上是连续的存在，所以定义时间的位置是不可能的，但如果必须要做一个定位的话，也可以用某种现象出现的时刻作为时间的位置。如果量子理论的不确定性原理是普遍性原理，那么某种现象出现的时刻和该现象相关的能量就不能同时确定，而且两者之间的不确定关系必须和位置与动量的不确定关系相一致。

玻尔从互补性原理的角度出发，认为量子理论中的电子与光子虽然兼具粒子性与波动性，但却是一种既不是粒子也不是波的神秘物质。因此，他并没有基于系统的理论，而是根据动量与能量等碎片化的知识，认为不确定性原理在能量与时间之间也同样成立。针对于此，爱因斯坦打算通过具体的示例来证明在现象出现的时刻与能量之间并不存在不确定性。

谁是争论的胜者?

爱因斯坦的武器是一个使用光子箱的思想实验。在这个思想实验中，许多光子被放在一个光子箱里，每次打开快门放出一个光子，在这种情况下，光子的能量与快门的开闭时刻之间是否满足不确定性原理呢？由于爱因斯坦的这个思想实验在如何测量光子的能量方面存在一定的破绽，所以双方展开了激烈的争论。

为了弥补爱因斯坦的思想实验中存在的破绽，本书采用与其本质相同的另一种思想实验，但加入了在当时因为理论尚不成熟而没有考虑进

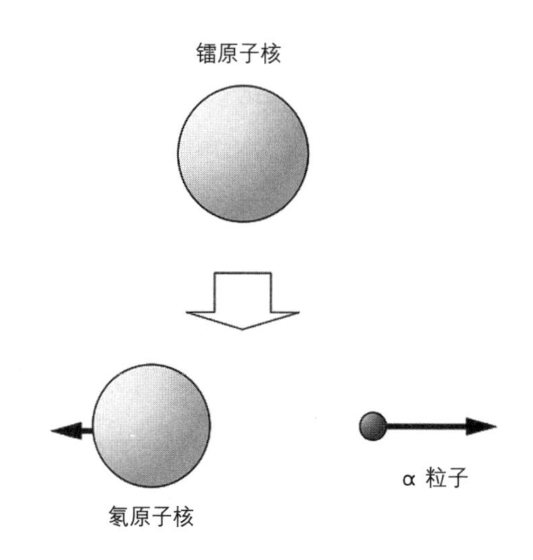

图 4–3 镭原子的 α 衰变

去的核反应（图 4-3）。

比如镭原子核在达到 1600 年的半衰期时会发生 α 衰变，释放出 α 粒子并变为氡原子核。在这个时候，发生 α 衰变的时间和 α 粒子的能量就不满足不确定性原理。原子核的质量由物理常数决定，发生衰变时赋予 α 粒子的能量与不确定性之间没有关系。

另一方面，发生 α 衰变的时间也可以通过各种精密的传感器来进行测量。与能量的不确定性相关的是半衰期的长度，而出现 α 衰变的时间并没有不确定性。

因为受限于当时的理论基础，爱因斯坦只能提出光子箱这样一个奇怪的实验装置，所以导致他的理论有些难以理解，但将这个思想实验等量置换为核反应之后就一目了然了，爱因斯坦的理论没有任何问题。位置与动量的不确定性原理不能进行相对论的扩展，时间与能量的不确定性原理则是不存在的（虽然存在很相似的算式，但不能称之为原理）。

事实上，量子力学本身与相对论并不相容。与之相比，量子场论则表现出了与相对论的相容性。在量子场论之中，产生物理现象的实体是场，相对论的不确定性原理重新解释了场的强度与变化率之间的关系。

虽然在两人进行争论的时候，约尔当与泡利已经在构筑量子场论，但爱因斯坦和玻尔都对这一理论不甚了解。因此，面对爱因斯坦正确的批判，玻尔只认为对方是在无理取闹。

玻尔的辩论方法与他在制作原子模型时的方法十分相似。为了证明自己的结论，他会将所有能想到的算式进行各种各样的组合，寻找能够支撑自己结论的内容。这一次，玻尔使用的是基于狭义相对论的算式。但这个算式并不是从爱因斯坦的公式中导出的，而是通过一个非常奇妙的思想实验，经过复杂的讨论之后强行导出的一个非常奇怪的算式。狭义相对论的方程式非常复杂，即便是该领域的专家也难以当场搞清楚其正确与否。恐怕爱因斯坦也无法当场反驳玻尔的理论。面对不管自己用什么方法都无法说服的对手，可能爱因斯坦也感到“还是算了吧”。

因为爱因斯坦放弃了争论，玻尔在后来的回忆中声称是自己取得了胜利。但他提出的论据，从现在物理学的角度来看，很难说是正确的。现在关于玻尔与爱因斯坦争论的记录，几乎都是从玻尔的角度出发进行介绍，所以往往被描述为保守派的爱因斯坦失败，革新派的玻尔取得了胜利。但从物理学的角度对二人争论的内容进行分析，就会发现其实爱因斯坦才是对的。

以互补性原理为代表的玻尔的方法论，一直到 20 世纪中期都被认为是理解量子理论必不可少的哲学基础。但现在完全可以将其看作是历史的遗留物敬而远之了。

第五章 海森堡 vs 薛定谔

1900 年，普朗克发现在高温物体与电磁场产生相互作用时，交换的能量以 hν 的整数倍被量子化。爱因斯坦虽然（正确的）发现这种量子化来自电子场的特性，但因为无法解释清楚量子化的机制，所以没能在 20 世纪 20 年代量子理论飞速发展的时期做出贡献。另一方面，玻尔利用普朗克的关系式（错误的）导出原子能量，幸运地导出了正确的算式。结果科学家们基于波特提出的模型找到了搞清楚原子结构的突破口，物理学界开始向构筑量子力学这一全新的学术体系迈进。

薛定谔与海森堡都作为量子力学的建设者而为人所熟知。虽然海森堡率先发表了论文，但他们两人都声称自己是单独提出的理论。如果只看两人的算式，虽然表现方法不同，但从得出相同结果这一点上来看应该是等价的。但两人对算式的解释却截然不同，可以说在研究上采用的是完全相反的方法论。

带有正电荷的原子核与带有负电荷的电子，在遵循牛顿力学法则的情况下绝对不可能实现稳定的状态，但为什么原子却没有崩溃呢？薛定谔想要找到一个能够直观地对这一现象进行解释说明的理论。最终，他提出了以“原子内部形成驻波”这一明确的物理想象为基础的波动力学。

但因为他提出了波动方程的解就是电子本身这一（错误的）主张，

遭到了海森堡的猛烈批判，使得他不得不撤回自己的理论。结果薛定谔只能将波动方程解释为“计算某地点存在电子的概率的算式”。

另一方面，深受玻尔影响的海森堡并不依赖直观的想象，而是尝试通过对算式进行组合来寻找新的方向。虽然他与玻恩和约尔当进行共同研究提出了矩阵力学，但因为后两者除了业内交流之外很少向外界发声，而且在 1932 年获得诺贝尔奖的只有海森堡一个人，所以学界普遍将海森堡的见解作为矩阵力学的正统派解释。

与重视具体想象的薛定谔不同，海森堡认为讨论电子的实体究竟是什么在物理学上毫无意义，理论只需要观测结果，矩阵力学的方程式只是为了计算进行某种测量时得出特定结果的概率。虽然他的这一解释与薛定谔“波动方程是计算某地点存在电子的概率的算式”的解释十分相似，但不同之处在于，海森堡认为对于测量之前处于怎样的状态无法进行原理性的描述。海森堡坚决拒绝谈论一切有关“在现象的根源究竟存在什么”或者“物理的本质究竟是什么”的内容。

在第五章中，我将以海森堡和薛定谔在方法论上的差异为中心展开说明。关于约尔当和泡利为了克服波动力学的缺点而进行的尝试，我将在接下来的第六章中进行说明。

玻恩对新力学的探索

虽然玻尔原子模型给量子理论的研究者们提供了一个方向，但玻尔论文中的内容却并不被大多数的物理学家接受。尤其是他对“跃迁”（平时不受电磁波影响在库仑力作用下进行圆周运动，但有时候又满足普朗克公式进行电磁波的吸收与释放的不同能量状态）这一难以理解的电子状态的解释，许多人都认为应该加以修正。

马克斯·玻恩就是对这一问题进行深入研究的物理学家之一。他深知如果给电子设定“圆形轨道”这一具体的运动模式，就无法对观测到的现象进行前后一致的解释。因此，他没有设定圆形的轨道，而是提出了“状态”这一概念。

根据实验数据，氢原子拥有的能量是最低能量 -E 除以整数 n 的平方的值。假设原子的状态能够由这个整数 n 指定，我们暂且将这个 n 称为“量子数”。电磁波吸收和放出的过程，可以看作是从量子数 n 的状态跃迁到量子数 n' 的状态。玻恩研究的主题，就是计算出这种状态跃迁的发生频率。

对关于跃迁的计算方法进行了深入研究的玻恩，在 1924 年将自己的研究成果整理成为一篇名为《关于量子力学》的论文，这也是量子力学这个专业术语第一次出现在文献之中，而在这个时候帮助他进行计算的助手就是海森堡[1]。玻恩是积极与年轻学者进行交流的类型，泡利和约尔当也是通过与玻恩展开交流以及共著论文积累了宝贵的经验。

通过与玻恩的共同研究而进入这一领域的海森堡，在研究的过程中发现了一件事。那就是为了计算状态跃迁而加入物理量的积的情况下，需要一个取量子数之和的特殊计算规则。但他没能归纳出完整的理论，只是计算出了几个复杂的算式就写成了一篇论文并拿给玻恩看，想问一问是否有出版的价值。

玻恩花了几天的时间仔细地研读了论文的内容，意识到其中隐藏着

---

1 关于矩阵力学的构筑过程，尤其是海森堡、玻恩、约尔当的职责分担，请参见 *Sources of Quantum Mechanics*（ed.by B.L. van der Waerden,Dover）收录的各篇论文及解说。

某种迫近本质的东西。于是他在给这篇论文办理出版手续的同时也给爱因斯坦写了封信，信中这样写道：“海森堡的新工作虽然看起来神秘兮兮的，但却是非常深入和正确的。”经过连续几天几夜的思考，玻恩忽然意识到海森堡提出的计算规则，正是自己在学生时代学过的矩阵计算（将数字纵横排列，计算“矩阵”的和与积的方法）。使用矩阵，能够将看起来非常复杂的算式组合整理得井然有序。于是玻恩根据玻尔—索末菲量子化条件，将矩阵计算的规则代入电子的位置与动量的积之中，结果发现了一个非常简单的关系式。这就是被称为“对易关系”的关系式，是不确定性原理的算式表现。

玻恩感觉需要将这一理论继续深入研究下去，于是他首先邀请曾经担任他助手的泡利与自己进行共同研究，但泡利认为研究算式太小儿科，果断地拒绝了。玻恩又邀请他的学生约尔当来帮助自己，二人用矩阵的方法对理论进行了数学计算，并且在 1925 年联名发表了论文。在这篇论文之中，他们不仅提出了缜密的对易关系的公式，还推导出了表示位置与动量的时间变化的方程式——后来（不知为何）被称为海森堡方程——建立了矩阵力学的框架。虽然很多人都认为对易关系和海森堡方程是海森堡发现的，但实际上是玻恩和约尔当共同发现的，并且最早发表于二人联名的论文之中。

激进的海森堡

当时海森堡已经离开了玻恩供职的哥廷根大学，所以是通过与约尔当的信件往来了解他们的研究成果。他也通过信件将自己的研究内容告知玻恩与约尔当，最终三人联名发表了一篇篇幅很长的论文。这篇论文的发表，代表着矩阵力学在形式上宣告完成。不过，从物理学的角度来看，三人在想法上并不能说达成了一致。

玻恩的主要目标是对状态跃迁进行计算，因为他知道以当时的理论基础无法确定电子的轨道，所以他的态度是“先把能做的事情做好”。这种不提出大胆假设，只在已知的范围内进行计算的方法虽然很踏实但缺乏革新性。另一方面，约尔当关注的是如何用数学的方式来表述理论，他致力于开发出一种能够准确地表述现象的全新方法。在三人联名发表的论文中，关于构筑量子场论的方法这部分的内容是由他单独完成的。

海森堡则比前两者有更大的野心。他坚信自己研究的是能够刷新人类对传统自然观认知的具有革命性的内容。于是他开始向学界之外的人发表自己的见解。

围绕地球旋转的人造卫星与大气发生摩擦导致失去能量的话，就会以螺旋的轨道掉向地球。但在氢原子中，处于高能状态的电子释放出电磁波跃迁到低能状态时，却没有任何理论能够描述出电子的轨道。对此，海森堡给出了一个非常激进的解释，那就是这种“无法描述轨道”的状态是因为“在自然界之中，存在一种无法确定轨道的原理”。

如果用薛定谔的波动力学，可以将其解释为“因为电子是波，这只是被分成两个的波重新汇合，所以无法确定轨道”。但海森堡却不肯通过物理学的机制来进行解释，而是在将电子看作粒子的前提下，提出“位置与动量不能同时确定。轨道也无法确定。因为这都是自然界的原理”。我个人是完全无法理解。

海森堡的显微镜

最能体现海森堡想法的当属他对不确定性原理的解释。关于这部分内容，可以参见他在 1927 年发表的论文。

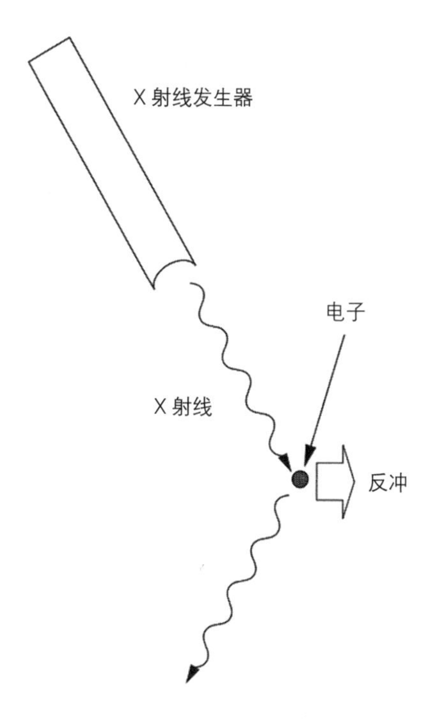

图 5-1 海森堡的显微镜

让我来简单地说明一下吧。在对极其微小的粒子进行测量时，为了减少误差，不能用普通的光学显微镜那样的可视光线，而是需要使用像 X 射线和 γ 射线那样波长较短的光。但这些短波光拥有很大的动量。光子虽然没有质量，但就像被光照射的物体温度会升高一样，光子能够传递能量，而能量能够传递动量。所以如果使用 X 射线来获取电子的准确位置，拥有很大动量的光子就会冲击到电子，导致无法测量电子的动量（图 5-1）。

本来是为了测量电子的位置时减少误差，却会对电子的动量造成干扰。用这种矛盾关系对不确定性原理进行解释，就相当于将不确定性原

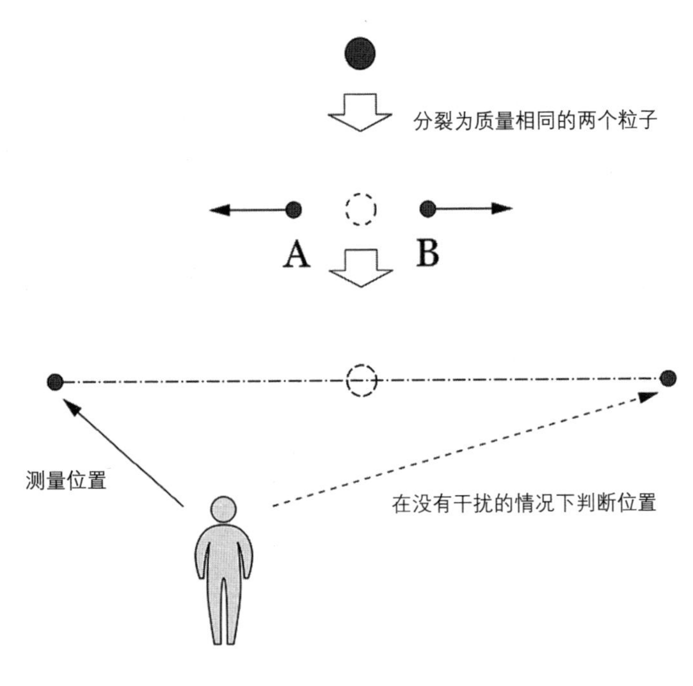

图 5-2 没有干扰的测量

理看作是误差与干扰的关系。

但在当时就有人对海森堡的这种解释提出了批判。假设有一个能够准确测量位置的粒子，分裂为拥有同样质量的两个碎片 A 和 B。因为重心处于粒子原本所在的位置，所以只要测量出碎片 A 的位置，就能根据重心测量出碎片 B 的位置（以重心为点对称的位置，与 A 方向相反、距离相等）（图 5-2）。在这种情况下，因为没有对 B 施加任何物理作用，所以 B 的动量没有受到干扰也能判断出准确的位置。这不就打破不确定性原理了吗?

但实际上，这个例子并不能打破不确定性原理。因为表示不确定性原理的算式是玻恩发现的对易关系，而在量子理论的精密实验中，没有发现任何能够打破对易关系的现象。

另一方面，误差与干扰并不是与对易关系的算式存在直接关系的量。而且在粒子分裂的示例之中，虽然能够在不干扰动量的情况下确定位置，但因为没有同时测量动量，所以并没有打破不确定性原理。

但海森堡坚持认为误差与干扰就是对不确定性原理的解释，即便遭到批判之后也在科普读物中反复强调同样的观点。因此，一部分没有专业知识的哲学家时至今日仍然相信海森堡的这一解释。但至少在理论物理学领域，没有人真的相信海森堡的说法。

继承玻尔方法论的海森堡

海森堡的研究方法和玻尔有些相似。他不是很在意数学上的严谨性，而是尝试将许多算式组合在一起，寻找能够准确表述现象的算式。

在他阐述组成原子核的质子和中子之间存在怎样的相互作用的论文中，假设了中子放出电子成为质子，质子吸收电子成为中子的过程，认为通过交换电子来产生引力作用。但这不管从物理学还是数学的角度来看都是明显错误的。汤川秀树在 1935 发表的介子论中通过导入一个全新的基本粒子——介子——来代替电子，纠正了这一错误。他本人也凭借这一理论获得了 1949 年的诺贝尔奖。

此外，海森堡虽然注意到了质子与中子在物理性质上的相似之处，并且开发了将这两个基本粒子组合在一起建立算式的方法，但却没能取得更进一步的成果。尤金・维格纳利用群论的方法破解了海森堡留下的难题，并提出了同位旋理论（将质子与中子当作同一基本粒子的不同状态）。但谦虚的维格纳在论文中表示同位旋的灵感来自海森堡，导致很多人都误以为这个理论是海森堡提出的。

海森堡是那种一旦想到什么点子就立即写成论文发表的类型，与只有经过深思熟虑之后才发表论文的泡利完全相反。虽然他的论文中难免会出现一些错误和不足之处，但因为他接连不断地发表论文，给其他的物理学家提供了大量的灵感，所以从结果上来说，海森堡确实给物理学的进步做出了巨大的贡献。只不过与他实际取得的成就相比，现在对他的评价似乎有些过高了。

海森堡之所以采用这种方法论，很有可能是因为他在 1922 年参加了玻尔的研讨会。玻尔认为，人类的智慧是有极限的，所以无法直观地看穿物理现象的本质。认为物理的本质应该是这样，并以此为指导原理构筑系统化的理论，是超越人类本分的行为。所以不应该这样做，而是应该从许多不同的方面对问题进行分析，通过将不同的算式组合起来对现象进行描述。

受到玻尔的影响，海森堡也继承了他的这种方法论。因此，海森堡并不执着于直观地理解隐藏在物理现象根源之中的本质，而是将研究的重点放在记述能够观测的物理量的关系上。比如他认为，“人类无法描述原子在特定的能量状态下电子如何运动”。这种方法论与探寻事物本质的爱因斯坦和薛定谔的做法存在着巨大的差异。因此，正如玻尔批判爱因斯坦的思考方法一样，海森堡也不遗余力地批判薛定谔的波动力学。

重视想象的薛定谔

因为受第一次世界大战的影响而迟迟无法就任教授的薛定谔，在诸多领域展开了研究。这也使得他除了原子物理之外，还掌握了非常广泛的科学知识，培养出了能够看穿本质的敏锐洞察力。

他提出的波动力学，以氢原子的能量为整数的离散值这一观测事实为出发点。将这一事实与德布罗意提出的物质波理论相结合，就能得出在原子内部形成驻波的假设。只要对波的相关知识有一定了解，就能很容易将指定能量状态的整数（量子数）n 与表示驻波模式的波节数联系到一起。薛定谔很有可能就是通过这个方式推导出的波动方程。

如果这个推测是正确的，那么薛定谔就是那种以数据展现出的规律性为线索，通过对物理现象的本质进行直观的想象，然后以此为指导原理来整合算式的物理学者。他的这种方法论，与根据维恩推导出的光的统计学性质提出光量子论的爱因斯坦十分相似，与玻尔和海森堡截然不同。

玻恩、约尔当、海森堡等人提出的矩阵力学，以原子被指定为整数的状态为前提。虽然只要解开海森堡的方程式就能确定被指定为整数的稳定状态的存在，但却无法回答“为什么稳定状态是被指定的整数”这个根本性的问题。因为在矩阵力学中，没有像波动力学的“驻波的波节数量”那样能够使人直观地理解的整数。

正是因为存在这种差异，所以薛定谔在表示自己的波动力学与海森堡等人的矩阵力学在数学理论上基本相同的论文中提到，在他刚开始进行研究的时候完全没想到两者之间会存在联系。此外，因为矩阵力学的方法在数学上非常晦涩难懂、不够通俗易懂（Anschaulichkeit），所以他给出的评价是“虽然称不上反感，但感觉有些可怕”。

薛定谔对波动力学的革新性非常自信，他在提出这一理论的一系列论文的开头都表示“即便不以存在指定状态的整数为前提，也能构筑量子理论”，并且坚信自己的方法“深入接触到了量子化规则的本质”。

玻恩的方法首先需要假设指定量子数 n 的状态，然后分析在不同量子数的状态之间发生了怎样的跃迁。但薛定谔的波动力学能够说明为什么量子数能够指定状态这一前提。

波动力学的优点在于，进行具体的计算时非常通俗易懂。因为有驻波这个具体的想象，所以在进行计算时能够非常直观地知道自己在计算什么，更容易思考应该采取怎样的顺序来解决问题。在计算氢原子的能量时使用的微分方程就是数学上十分常用的计算方法。

而海森堡等人提出的矩阵力学，在计算时就完全看不到方向。因为不知道最终要抵达什么目标，所以自然就不知道应该建立什么样的算式。事实上，即便矩阵力学在形式上完成之后，玻恩与海森堡也无法凭借自己的力量计算出氢原子的能量，必须要借助拥有天才数学能力的泡利来进行计算。

明明自己还迷失在繁杂的计算之中，后来一步的薛定谔却轻而易举地解决了问题——可能这种反差刺激到了海森堡，使他更加具有攻击性。

对薛定谔的批判与结局

薛定谔虽然正确地洞察到在原子内部形成驻波，却错误地判断了这个波与观测到的电子之间的关系，结果将波动方程的解直接解释为电子本身。但波动方程的解在原子外部无法维持粒子的状态，很快就会崩溃。海森堡抓住了这一点对薛定谔展开了猛烈的批判。

耐人寻味的是，堪称海森堡盟友的泡利的反应与海森堡有所不同。在薛定谔的论文发表后不久的 1926 年 4 月，泡利在给约尔当的信中评价“这是最近发表的最重要的论文之一”，不但推荐约尔当仔细阅读，他自己也根据薛定谔提出的方程进行了许多计算（关于泡利的这一举动带来了怎样的成果，请参见第六章）。此外，在 1929 年与海森堡联名发表的量子场论的论文中，他在标题中使用了“波动场（Wellenfeld，英语为 wave field）”这个术语，能够感觉到他与薛定谔的自然观比较接近。

本来泡利就和海森堡不同，他从不撰写科普类的文章，只对专业的讨论感兴趣，因此，在波动力学方面，只有海森堡的批判和薛定谔撤回自己的解释比较引人注目。

由于薛定谔在 1927 年撤回了“电子是波”的解释，所以认为不应该去想象物理现象的本质，而是只对现象进行描述的海森堡的方法论成为量子理论的主流。波动力学去掉了波动一元论的自然观，成为计算结果与矩阵力学相同的形式化的理论，两者统一为“量子力学”。以对易关系为基础演绎而来的矩阵力学的方法作为研究量子力学最正统的方法，被十分夸张地命名为“正则量子化”。

但必须说明的是，在当时这个时间点，量子理论距离完善还差得很远。在 20 世纪 20 年代中期，虽然量子理论作为研究光与电子的理论而备受关注，但当时学界对光的研究基本还停留在能量为 hν 的块这一爱因斯坦的光量子论的层面上，没有取得什么进步。此外，电子的量子理论虽然已经进入能够通过理论导出氢原子能量的阶段，但关于“电子究竟是什么”这个问题却完全没有答案。海森堡将电子当作能够用位置和动量描述的粒子，却坚持电子的实体无法用语言解释，拒绝回答这个问题。也可以说正因为他没有给出明确的回答，所以才一直没有遭到他人的批判。

光与电子在性质上有许多相似之处。两者都会表现出能量块的特性，同时又常常被当作粒子。但从整体的角度来看，光遵循的是麦克斯韦方程，而电子则遵循的是薛定谔波动方程。光和电子似乎同时具备粒子性与波动性。

如果是这样的话，就意味着波动力学和矩阵力学都是不够完善的量子理论。那么，有没有能够将光与电子统一起来的量子理论呢？挑战这一课题的，是与认为人类的智慧有极限的哲学理论相比更喜欢对物理现象进行通俗说明的狄拉克与约尔当。

但狄拉克与约尔当在对自然的看法方面存在巨大的分歧。简单来说，狄拉克提出的是认为世界由粒子组成的原子论，而约尔当则主张一切物理现象的根源都存在波动的场理论。

第六章　狄拉克 vs 约尔当

在 20 世纪 20 年代末期，出现了两个将光与电子相统一的方法论。一个是狄拉克提出的二次量子化，另一个是约尔当提出的量子场化。

因为狄拉克是原子论者，所以二次量子化是用原子论的方法来解释基本粒子。这个方法简单来说就是认为一切物理现象的根源是存在电子与光子等粒子，这些粒子在真空中自由地运动，通过产生和消灭能量量子而引发状态变化。狄拉克基于这种理论开发出的方法在进行探索新粒子的基本粒子实验时十分方便，所以在提出后的几十年间，被实验家与理论家们公认为最方便的工具。

但从现在的角度来看，这种基于原子论的基本粒子理论只适用于一部分现象——比如后文中将会说明的“摄动理论”。在这部分现象中，基本粒子呈现出粒子的特性，而除此之外的许多现象，如果将基本粒子看作粒子的话是完全无法理解的。

而量子场论的方法，从理论上来说适用于任何情况。从约尔当提出的量子场化的角度来看，基本粒子只是场获得能量后剧烈振动的状态。基本粒子相互之间产生的反应，是场相互之间进行能量交换导致各个场的振动状态发生变化。像这样将具体的情况描述出来，使场的理论更加通俗易懂。

但自从约尔当提出量子场论之后的几十年里，物理学界普遍认为量子场论是具有某些根本性缺陷的无用理论。即便将这一理论应用到具体的过程之中，也会出现许多计算上的错误。比如对某一过程进行积分计算的时候，会得出无限大的结果无法缩小范围。

不过这些缺陷在随后的研究中被不断地完善。首先是 20 世纪 40 年代，朝永振一郎等人利用重正化理论，解决了积分分散这一最大的缺陷。随后在 20 世纪 60 年代，接连出现了杨 - 米尔斯理论、打破对称性理论、重正化群理论等能够重现实验与观测数据的全新理论，证明了量子场论绝非错误的无用理论。

在第六章中，我将为大家介绍基本粒子理论从原子论到场理论的变迁过程。

振动的“某物”

要想找到能够将光与电子相统一的量子理论，需要什么呢？狄拉克与约尔当通过各自的方法，发现应该用量子理论来诠释在空间内部振动的“某物”。

当时学界普遍认为电磁场的能量块（hν）来自电磁场的振动。提出光量子论的爱因斯坦也意识到了这一点，认为同样的方法也适用于结晶内原子的振动。但他并没有搞清楚将振动与能量的量子化联系到一起的机制。

直到 20 世纪 10 年代，科学家们才发现解开光量子之谜的线索。当时，人们发现光量子的行动模式，与用量子理论分析遵循胡克定律（弹性与位移成正比）的带重物的弹簧——用物理学术语来说叫作“谐振子”——时的状况类似。

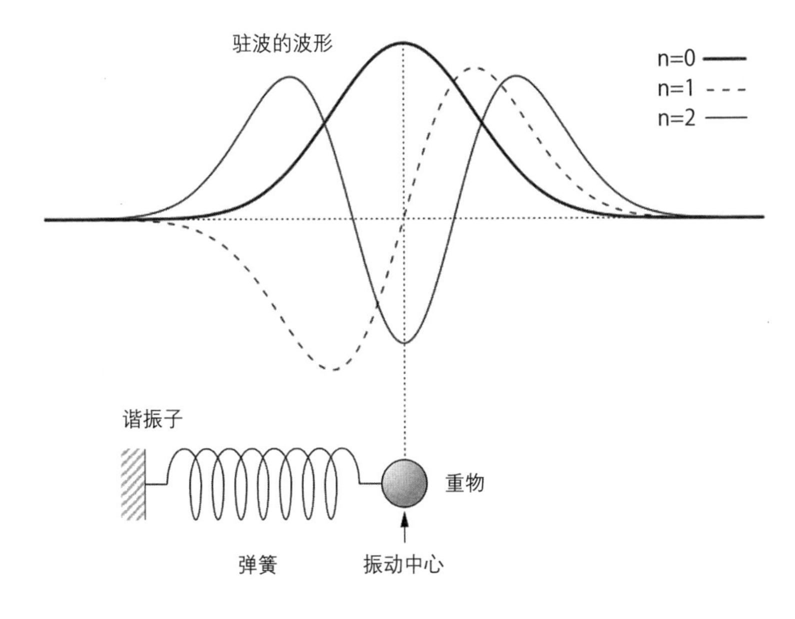

图 6-1　谐振子的驻波

这种情况可以用波动力学的理论来进行说明。因为重物会被弹簧的弹力拉回，所以不能远离振动中心点。在波动力学中，这种运动模式与波被封闭在中心点周围的情况十分相似，根据封闭波的理论，能够形成指定振动模式（取决于波节的数量 n）的驻波（图 6-1。波形与第二章中图 2-4 的基本振动——3 倍振动相似）。驻波的能量为离散值，用薛定谔的波动方程计算，以 n=0 时为基准，能够计算 hν 的 n 倍。

但光量子不仅能量为 hν，还有在三维空间中移动的特性。这就意味着振动的某物在三维空间内部拥有广度，并不是像弹簧那样只能在固定的地点振动，而是像波一样能够向周围扩散。那么，这个振动的某物究竟是什么呢？关于这一点，狄拉克与约尔当提出了完全不同的见解。首先来看狄拉克的。

电子与光都是粒子

狄拉克的二次量子化理论最早出现于他在 1927 年发表的关于光的释放与吸收的论文之中，后来他又在 1928 年提出了基于狄拉克方程的相对论的电子论。进入 20 世纪 30 年代之后，他提出了将光和电子统一的量子理论。如果不考虑数学上的严谨性，只是将这些理论组合起来的话，就能大致地得出以下的推导过程。

1. 一切物理现象的根源存在粒子。

2. 粒子的状态可以用在空间内部扩散的波动函数来表示。

3. 将波动函数“量子化”，就会产生相互作用产生和消灭的过程（二次量子化）。

4. 一切物理现象都是粒子自由运动和产生与消灭过程的组合。

薛定谔的波动方程，原本描述的是电子本身，但后来他撤回了这一解释，所以波动方程的解被看作是表示电子的量子理论状态的函数。这个函数被称为“波动函数”，用来计算电子存在于某位置的概率。

狄拉克将这个方法应用于光。具体来说，是将麦克斯韦提出的古典电磁学中被认为是电场与磁场基础量的电磁势看作光子的波动函数（需要注意的是，这一理论现在被认为是错误的）。

用量子理论来解释粒子，可以通过给粒子的位置与动量添加交换关系来实现量子化。添加交换关系后，就会自动地导入不确定性原理。这是海森堡等人提出的矩阵力学的基本的方法论。在这个方法论之中，波动函数只是用来描述量子化的粒子行动的工具。但狄拉克却将这个波动函数再次量子化，所以被称为“二次量子化”。

因为电磁势遵循麦克斯韦方程，进行与谐振子十分相似的振动，将其看作光子的波动函数进行量子化后，光子的能量就会成为 hν 的能量块。上一节中提到的“振动的‘某物’”在狄拉克的理论中就是波动函数。

狄拉克充分地利用了自己开发的数学方法。在将波动函数量子化的时候，他使用了一种被称为不可交换的“根据积的顺序变化而改变结果的数”。虽然最终得出的结论非常适用于对基本粒子的反应进行分析，也能够让实验者们理解，但得出这一结论的推导过程却极其复杂，让许多物理学家都感到混乱。

因为在不是很清楚为什么将波动函数量子化的基础上又使用了大量全新的数学方法，所以狄拉克的论文非常晦涩难懂（甚至可以说完全无法理解）。当时在京都大学学习最新量子理论的汤川秀树与朝永振一郎都深受困扰。汤川表示“每次读狄拉克的论文都感到生气”，朝永则说“读狄拉克的论文使人痛苦”。

天才狄拉克的华丽技巧

如果问谁是 20 世纪最杰出的物理学家，绝大多数的人都会回答爱因斯坦。他在相对论和量子理论领域取得的成就无人能比，是现代物理学界无可争议的第一人。

那么，20 世纪排名第二的物理学家是谁呢？如果你问对物理学比较了解的人，他们可能会回答理查德・费曼、斯蒂芬・霍金等许许多多的名字，但我的回答是狄拉克。

没有人比他更适合“天才”这个称号。一般的学者所写的论文，只要根据当时的状况和参考文献，就能多多少少地推测出作者当时是通过怎样的思考过程推导出论文的结论，但狄拉克的论文却让人完全无法想象其思考的过程。

他提出了著名的电子相对论方程（狄拉克方程），还提出了德尔塔函数、磁单极、产生与消灭算子、大数假设、多时间理论等许许多多的理论。他在看过海森堡那篇未完成的论文之后立即就导出了对易关系的公式，在玻恩还停留在矩阵计算的阶段时，狄拉克就已经用不可交换数开发出了全新的数学方法。

狄拉克的理论基于抽象数学。他能够在大脑中随心所欲地展开数学想象并构筑全新的理论。他能够从非常简短的算式中洞察出复杂的结论。因此，在我们这样的普通人看来，他的论文非常跳跃，这是因为我们的思维完全跟不上他的节奏。

他最大的贡献就是提出了狄拉克方程。在关于电子的方程中，薛定谔的波动方程最为人熟知，但这个方程有个最大的缺点，那就是不符合相对论。

相对论是将时间与空间统称为“时空”的一体化理论。本来时空就是一体的，但人类为了便于理解才强行将其拆分为时间与空间，所以在进行理论思考时必须将时间与空间合二为一。将时间的一元方程与空间的二元方程混合在一起，并不是根本的方程式。但在薛定谔的波动方程中，就存在这样的混合情况，所以只能说他的方程是近似于根本的方程式。

有许多物理学家尝试将薛定谔的波动方程转变为符合相对论的方程，但都没能成功。其实只需要经过简单的计算就会发现，仅凭普通的方法无法将其转变为符合相对论的方程。所以一般的物理学家只要稍微想一想就会发现这是自己完全无法做到的事情，于是干脆就放弃了。

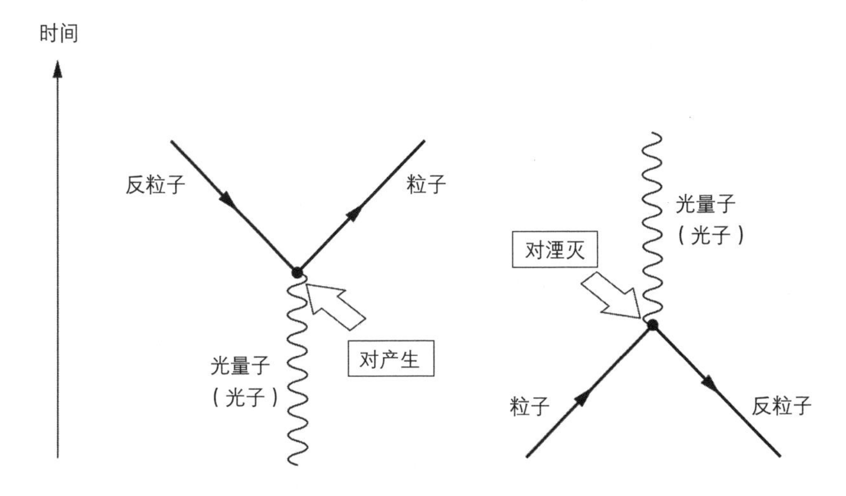

图 6–2　粒子与反粒子的对产生与对湮灭

但在 1928 年，狄拉克想出了一个完全出人意料的方法，那就是假设表示电子状态的波动函数拥有 4 种成分，而且这 4 种成分中还含有与电子完全不同的未知成分。只要能够列出将这 4 种成分完美地组合起来的方程式，就能使其符合相对论。这实在是令人叹为观止的神奇方法。

在狄拉克方程的 4 种成分之中，有 2 种表示电子，另外 2 种成分后来被证明是相当于电子的“反粒子”。反粒子拥有与粒子相同的质量但电荷相反，与粒子对碰后会引发对湮灭，反粒子与粒子都会消失。引发对湮灭时会以发光等形式释放出大量的能量。反之，如果将强大的能量注入狭小的空间之中，则会引发粒子与反粒子成对出现的对产生（图 6-2。反粒子在形式上被描述为逆向前进的粒子，因此反粒子的移动箭头与粒子的方向相反）。

狄拉克方程首次揭示了反粒子这一神奇的存在，在此之前就连科幻小说的作家都没有想到过会有这种物质。1932 年，科学家们通过宇宙空间传来的高能放射线的反应发现了电子的反粒子，并将其命名为正电子。

产生与湮灭的魔术

通过使用不可交换数进行数学计算，电荷与电磁场的相互作用就变成了光量子的数量增加 1 个或者减少 1 个的过程。如果用狄拉克提出的产生与湮灭的算子来描述这个过程，就会使其变得一目了然，非常直观。

算子指的是代表“算式的作用”的符号。比如在代表振动的算式中，“变换为振幅 2 倍的波的算子”就代表“全体乘以系数 2”的作用。除了加减乘除之外，微分、积分、函数变换等作用也可以用算子来定义。狄拉克提出的产生与湮灭的算子，就是将表示能量状态的函数加以转换，用来表示能量量子 hv 的数量增减的函数的作用。

电荷与电磁场的相互作用，在麦克斯韦的电磁学中用电流与电磁势的积的形式来表示，但将其基于不可交换数的性质进行变形后，就能用包含光量子产生与湮灭一个的算式来表示。

让我们来考虑一下作为电荷的电子吧。表示电子与电磁场如何变化的方程式，是将只有电子与电磁场存在的自由行动部分与能量量子的数量增减 1 个的相互作用部分合并而成的。狄拉克首先以假设没有相互作用时的解为出发点，然后将相互作用的效果作为微小的补正逐级添加。这种方法在数学上被称为“摄动理论”。

基于摄动理论描述的光与电子的特性，与德谟克里特的古典原子论十分相似，堪称该理论的现代版。这一理论的前提是电子与电磁场没有

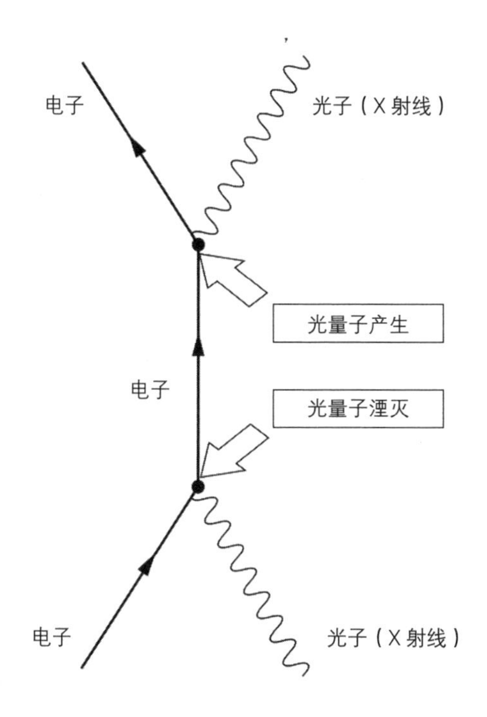

图 6–3　康普顿散射

相互作用的情况下，固定个数的电子和光子在真空中自由移动。追加基于摄动理论的补正项之后，电子与光子有时候会在瞬间产生相互作用。结果就是光子从电子处获得能量，使光的能量量子增加 1 个，或者光子被电子夺走能量，使光子的能量量子减少 1 个。根据狄拉克的理论，通过将这一瞬间的相互作用力附加在一切现象之中，就能重现现实中电子与电磁场的特性。

比如吸收 X 射线的光量子而暂时处于高能状态的电子，释放出与原本的 X 射线的振动数不同的光量子的“康普顿散射”，就如图 6-3 所示。

“狄拉克之海”

狄拉克是个坚定的原子论者，这一点从他对电磁相互作用的独特解释中就可以看出来。他假设即便电荷与电磁场存在相互作用，光子的个数也不会发生变化。产生与湮灭的算子的作用是表示光子持有的能量变化。比如他在关于光的释放与吸收的论文中对原子放出光的过程是这样解释的：“光子在（能量为）零的状态跃迁到物理的明确状态，所以看起来就像是无中生有地产生一样。”

如果按照他的解释，真空中就应该挤满了能量为零的光子。这些光子与荷电粒子产生相互作用获得能量之后，就会变成拥有有限能量且能被人类观测到的光子，就像产生了全新的粒子一样。

狄拉克对电子的解释就更加夸张了。在狄拉克方程式的 4 种成分之中，普通电子之外的 2 种成分在方程式中看起来就像是拥有负数的能量。后来泡利等人将这种状态解释为反粒子，但狄拉克认为在真空中挤满了拥有负能量的电子。这种充满负能量的电子的真空，在光濑龙的小说《百亿之昼　千亿之夜》和动画《新世纪福音战士》等科幻作品中都出现过，被称为“狄拉克之海”。

如果给真空中的电子供给充足的能量，就会出现拥有正能量的电子。另一方面，由于拥有负能量的电子变成了拥有正能量的电子，那么真空中就会出现孔洞。狄拉克认为这些孔洞就是观测到的正电子（电子的反粒子）。

即便在狄拉克充满奇思妙想的理论之中，“狄拉克之海”都过于超乎常理。狄拉克在想到这个理论的时候，就通过信件与泡利和海森堡交换过意见，泡利非常直接地阐述了否定的见解。在 1933 年的索尔维会议上，玻尔、泡利、海森堡等人都接连对狄拉克的演讲进行了严厉的批判。

最终，堪称量子理论中最神奇的“狄拉克之海”的理论就这样被埋没了。关于产生与湮灭的算子究竟产生了什么、湮灭了什么这一点并没有得到准确的解释，只作为一个方便且实用的工具流传了下来。

狄拉克方法的局限性

狄拉克的理论将基本粒子当作现实存在的粒子。根据他提出的摄动理论，电子与光子的特性被解释为“自由运动的过程中，因为能量量子产生和湮灭的过程而引发状态变化”。即便在“真空中存在数量固定的基本粒子”这一狄拉克独特的看法遭到否定之后，仍然有人将“能量量子的产生与湮灭的过程”解读为“基本粒子产生和消失的过程”，继续用摄动理论来解释现实的基本粒子现象。但摄动理论实际上并没有那么严谨。

摄动理论的出发点，是将表示基本粒子现象如何产生的算式中没有相互作用的自由运动部分与产生和湮灭的算子表示的相互作用部分，单独进行处理。在电磁现象中，如果在限定的范围内，这种处理方法能够得出正确的近似解。但对于普遍的基本粒子现象，将这两部分区分开单独进行处理就毫无意义了。因为两者会合二为一引发一个现象，将自由运动与产生和湮灭的过程区分开，甚至都无法得到近似解。

比如关于原子核内部使质子与中子紧密结合的核力，摄动理论就完全无法取得近似解。如果摄动理论的近似解成立，核力就可以被解释为“自由运动的质子与中子之间，通过其中一方释放出介子被另一方吸收的交换过程产生的引力”。但实际上，通过介子交换产生核力的想法，不管在理论上还是实践上都没有得到证实。

现实中的质子与中子是由夸克与胶子这两种基本粒子组成的复合粒子。其内部由成对的夸克与反夸克（夸克的反粒子）和胶子的块紧密地贴合在一起，并不是能够自由移动的基本粒子。核力是凝缩的内容物跑到外界时产生的力，与自由粒子的产生和湮灭的过程没有关系。同样，夸克之间的引力也是由成对的夸克与反夸克和胶子的凝缩而产生的，并不是交换胶子而产生的力。

不仅核力，基本粒子获得质量的希格斯机制和打破规范场论（基本粒子遵循的数学性质）的过程，也在摄动理论的范围之外。狄拉克提出的摄动理论，只对一部分电磁现象有效，比如后文中即将提到的 β 衰变等基本粒子反应。认为“一切物理现象的根源是存在粒子，这些粒子自由运动，因为产生与湮灭的过程而发生变化”的现代版的原子论并不能真正地解释这个世界。

电子与光都是波

与身为原子论者的狄拉克提出完全不同理论的人是约尔当。他比狄拉克更早构想了电磁场的量子理论。在 1925 年与玻恩和海森堡联名发表的论文中，绝大部分的内容都是由玻恩与约尔当撰写，海森堡做最后的修正。但最后的第四章第三节，则是完全由约尔当单独完成的，这部分就包括关于量子场论的开端。

根据麦克斯韦方程，电磁场的振动与谐振子十分相似，因此可以看作是无数个谐振子连接在一起。用量子理论来分析振动数 v 的谐振子，正如前文中提到过的那样，相当于将能量 hv 的块量子化。因此约尔当认为在无数个谐振子相互连接的系统之中，能量量子 hv 存在传导的可能性，并以此为模型提出了“波动场的量子力学”理论。波动场指的是像电磁场一样能够产生波的场。约尔当后来也一直使用这个术语，在与泡利和海森堡联名发表的论文中，甚至将波动场一词放在了标题之中。

泡利为约尔当的量子场论提供了很大的帮助。在薛定谔发表关于波动力学的论文之后，泡利马上就推荐约尔当仔细阅读，约尔当肯定也照做了。他不仅准确地发现了波动力学存在的缺点，还想到了改良的办法。

1927 年到 1928 年，约尔当首先是单独研究，然后相继与奥斯卡・克莱因、泡利、尤金・维格纳等人共同发表了论文，建立起电子场论的基础。这些论文的目标就是将薛定谔提出的波动一元论扩展到全部的物理现象之中。顺带一提，根据朝永振一郎的回忆，在汤川秀树因为看了狄拉克的论文而苦恼不已的时候，他非常兴奋地推荐了另一篇论文给汤川秀树，正是约尔当与克莱因联名发表的论文。

这些论文在表面的形式上看起来与二次量子化十分相似，可能让人以为是在炒狄拉克的冷饭。但只要理解了论文的内容就会发现，这是站在与狄拉克的自然观存在根本差异的立场上提出的理论。简单来说，就是从原子论转变到了场的理论。

约尔当认为被狄拉克作为理论前提的“粒子的存在”是毫无必要的。如果没有粒子这个前提，也不用特意导入用来表示其运动状态的波动函数。“振动的‘某物’”不是波动函数而是场。光可以放在电磁场中讨论，电子则只要导入电子场这个新的场即可。通过量子场论，就可以对物理现象进行直观的描述。

约尔当的理论由以下推导过程组成。大家可以与 94 页狄拉克的推导过程进行对比。

1. 一切物理现象的根源是存在场。

2. 场的状态用其本身在空间内部扩散的场的强度表示。

3. 将场“量子化”，就会产生相互作用产生和消灭的过程（量子场化）。

4. 一切物理现象都是场的波动传播的过程。

不确定的是什么？

如果借用狄拉克的理论，场的量子化可以通过给场添加用不可交换数表示的交换关系来实现。不管是电磁场还是电子场，量子化的场的强度都满足不确定性原理。

用波动力学来解释弹簧上带重物的谐振子，重物的位置无法确定，弹簧在振动领域中形成驻波。将场量子化的情况下，场的强度也会产生同样的现象。在古典电磁学那样普通的场理论中，各个点的场的强度可以确定为一个值。但在量子场论中，场的强度是扩散的。在这个时候，就像弹簧振动需要空间一样，场也需要一个强度变化的空间。这个空间存在于一切地点，其内部则形成驻波。

约尔当在论文中将这个空间称为“抽象的坐标空间”。在本书的第三章中将其称为“（电磁场）专用空间”。

在量子场论中，量子力学中粒子的位置被场的强度所取代，不确定性原理也成为与场的强度的不确定性相关的原理。因此，如果以量子场论为前提，玻尔与爱因斯坦围绕不确定性原理展开的争论究竟孰对孰错可以说就一目了然了。

玻尔坚持认为在粒子的时间与能量之间存在不确定性原理。但根据量子场论，即便在各个地点中场的强度不能确定，但时间是能够指定的连续变量。用量子理论描述粒子时，关于位置的不确定性原理在场的状态变化与粒子的运动相似的情况下，只不过是一种现象论的关系式罢了。爱因斯坦认为粒子的位置与动量之间的不确定性原理“并非普遍的原理”的主张是完全正确的。

基本粒子来自场

约尔当之所以提出量子场论，最初是为了搞清楚光量子的起源，但很快他就发现所有的基本粒子都来自场。简单说，基本粒子就是场产生的波动表现出粒子特性的产物。

爱因斯坦认为，光子并不是真实存在的粒子，而是电磁场的振动能量形成的 hν 的块。约尔当也持同样的看法。他认为不仅光子，表现出粒子特性的电子实际上也并不是粒子，而是表现出粒子特性的能量量子。约尔当在与维格纳联名发表的论文中这样写道：“通过电磁场的量子化来解释光量子的存在……（中略）……用同样的方法来解释物质粒子的存在。”

如果他的理论是正确的，基本粒子来自场，那么关于产生与湮灭算子的意义也就很容易理解了。

量子化的场的相互作用，援引狄拉克的理论，就能用产生与湮灭算子来表示。狄拉克认为在真空中挤满了粒子，其能量状态的变化就是产生与湮灭引发的。但在场理论中，真空中不需要存在粒子。即便在真空中，场也以 0 强度的状态存在。这与谐振子的情况下即便不发生振动弹簧本身也存在的情况相同。强度为 0 的真空状态的场，一旦获得能量供给就会开始振动。这样一来，在抽象的坐标空间（各个场的专用空间）中就会形成驻波，因为能量被限制为 hν 的整数倍，所以看起来就像存在粒子一样。

在量子场论之中，产生与湮灭算子并不是某种物质产生和消失，而是能量从一个场转移到另一个场。产生算子意味着得到能量供给的场开始振动，湮灭算子意味着能量转移到其他场，自身的振动停止。这种能量的交换，表现为能量量子的增减。

波产生于何处？

量子场论与薛定谔的波动力学相比，具有非常明显的特征。

薛定谔最初认为波动方程的解就是电子本身，但很快他就意识到这个解释是错误的，只能撤回自己的理论。但如果援引量子场论的话，就能弥补波动力学的漏洞。

薛定谔最不解的是，在同时存在多个电子的时候，这些电子的波动函数就仿佛存在于完全不同的三维空间之中。但在量子场论之中，电子能够与存在于三维空间各地的“抽象坐标空间”的振动产生联动，将能量量子传递到不同地点的空间。因此，在量子场论中，多个电子分属于各自的电子场专用空间。薛定谔将跨越不同地点的空间传播的能量量子看作存在于三维空间之内的一个电子，所以各个电子才表现得好像存在于不同的三维空间一样（图 6-4。请与第三章的图 3-2 进行对比）。薛定谔方程的解并不是电子，而是将存在于各地点的抽象坐标空间中场的振动用三维空间函数来表现的近似值。

薛定谔认为电子是在无限广阔的三维空间内部凝聚在一起的状态。但波动方程的解在三维空间中，随着时间的流逝必然扩散，导致无法维持凝聚的粒子状态。这也正是海森堡批判的重点。

但实际上，相当于电子的波，就像是存在于空间所有地点的小弹簧

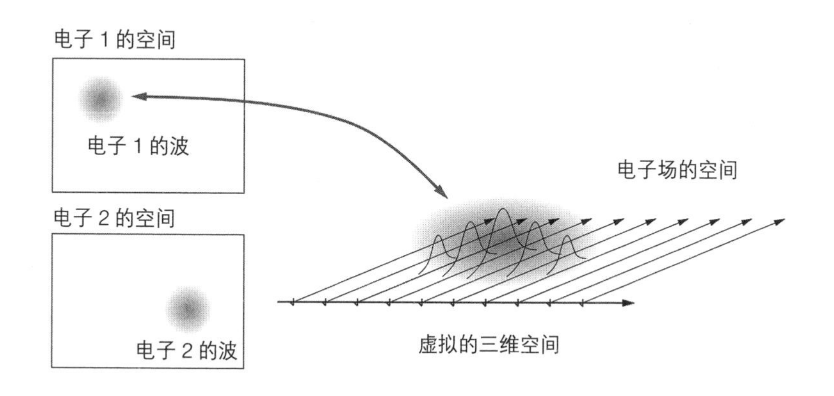

图 6-4 电子场与波动函数

一样，在连续的电子场专用空间中振动。波被封闭在这个空间内部，不会在三维空间之中扩散。

薛定谔似乎并没有仔细研究过约尔当等人提出的量子场论，所以他也没能利用这一理论来解决波动力学中存在的弱点，如果薛定谔能够完全地理解量子场论，那么他会有怎样的反应呢？这一点也很耐人寻味呢。

量子场论为什么没有被接受?

因为与约尔当进行共同研究而领悟了量子场论真谛的泡利，在 1929 年到 1930 年与海森堡联名发表了两篇关于光与电子相互作用的论文。这两篇论文的发表，可以说意味着量子场论的基础宣告完成。在玻恩与约尔当发表第一篇关于矩阵力学的论文之后的四五年间，量子理论的基础就一口气构筑完毕。

然而，虽然发表了这么多的论文，但物理学界对量子场论的接受度却一直不高。爱因斯坦与薛定谔对量子场论也没有表现出关注的态度。之所以会出现这种情况，我认为是许多原因综合造成的。

首先，量子场论非常复杂，让人难以理解。约尔当的论文以狄拉克晦涩难懂的二次量子化理论为基础，引用了大量相关的算式来建立自己的理论，让原本就对狄拉克的论文敬而远之的学者知难而退。泡利的论文虽然思路清晰、内容完整，但对绝大多数无法达到像他那样思想高度的物理学家来说仍然难以理解。

与此同时，也没有人向专业之外的人解释量子场论究竟意味着什么。约尔当与泡利都是彻头彻尾的理论家，对专业讨论之外的内容毫无兴趣。而善于做科普的海森堡在当时却被原子核的问题吸引了全部的注意力。虽然他与泡利共同执笔了关于量子场论的论文，但这篇论文全篇的理论逻辑都十分缜密，完全看不出对逻辑破绽不拘小节的海森堡的风格。我在读完这篇论文之后，感觉海森堡只是对泡利的原稿进行了一部分的补充，并没有进行深入的研究。

此外，量子场论之中还存在一个致命的缺陷。一旦将其投入到具体的应用，就会得出无限多个计算结果，完全找不到答案。因此，量子场论一直到 20 世纪 60 年代都被看作是毫无用处的理论。约尔当和泡利也认识到了这一问题，为了消除无限多的结果，他们尝试了在进行积分计算时改变积的顺序等各种方法，但都没能找到根本性的解决方案。

这个问题实际上比 20 世纪 20 年代的物理学家们所想的要深奥得多。20 世纪 40 年代后半段，根据朝永振一郎等人提出的重正化理论，获得了在形式上消除无限多结果的方法，但在当时只被认为是权宜之计。直到 20 世纪 60 年代，通过被称为重整化群的数学方法，终于从根本上解决了问题，能够合理地消除无限多的结果。

除了理论不够完善的问题之外，量子场论在应用方面也缺乏必要性。即便在今天，量子场论也并不是显得那么必要。

20 世纪 30 年代原子物理学最重要的课题是原子核反应，而量子场论对原子核的研究完全是无能为力。虽然汤川的介子论将原子核作为一个整体核力的起源提出了量子场论的应用方法，但后续并没有与技术开发联系到一起。当时对原子核的研究，只能采取将非相对论的量子力学与经验主义的方法相结合的权宜之计。

至于与核力完全不同的另一种核反应 β 衰变，恩利克·费米在 1934 年提出的理论就已经足够了。这是将产生与湮灭算子的方法应用于普通基本粒子反应中的理论。假设在真空中单独存在的中子发生一次反应就衰变，就不用像核内的中子那样去考虑摄动理论近似成立的过程。不拘泥于产生与湮灭算子具体的机制，只假设中子湮灭，产生质子、电子、反中微子（几乎观测不到的谜之粒子中微子的反粒子）[图 6-5（a）]。

产生算子与湮灭算子因为在相互作用的项中形式完全相同，所以如果有反粒子的产生过程，就一定有粒子的湮灭过程。粒子与反粒子的更替，只要针对时间反转运动方向即可。在中子的 β 衰变中将反中微子进行反转，中微子与中子就会发生碰撞，出现变成电子与质子的反应 [图 6-5（b）]。在宇宙大爆炸之后的高温状态宇宙中就存在这种反应，与物质的诞生密切相关。因为出现这种反应的概率与 β 衰变的频率有关，所以即便是不了解量子场论的实验家也可以将费米的理论作为非常方便的实验工具来使用。

在 20 世纪 60 年代之前，愿意研究量子场论的，只有对实际应用不感兴趣的纯粹的理论家以及被最先进的理论排斥在外的支系研究者。但

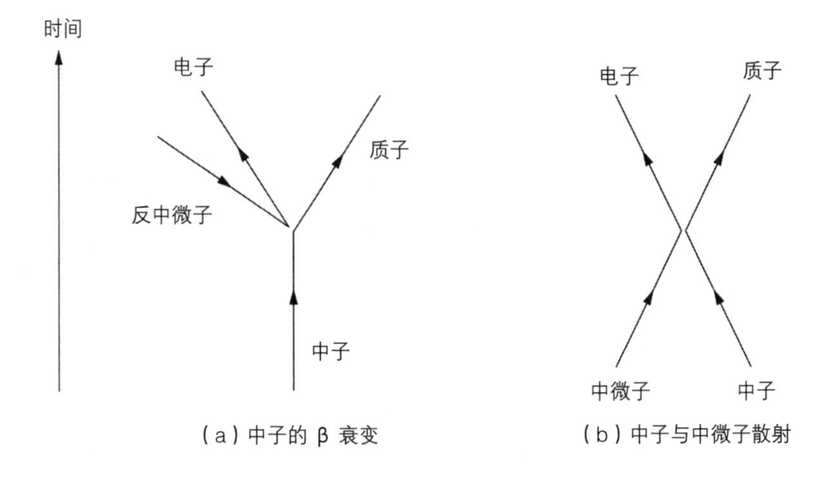

（a）中子的 β 衰变 （b）中子与中微子散射

图 6–5 费米的理论

这种状况在进入 70 年代之后发生了巨大的改变，一切自然现象的根源都存在基于量子场论的过程的理论成为学界的主流。但在电力学和新材料等全新的重要应用领域，还是没有量子理论的出场机会，以粒子的存在为前提的量子力学（粒子的量子理论）就足够应对了。

综上所述，普通人不了解量子场论或许也是理所当然的事情。

被诅咒的物理学家——约尔当

说起与量子场论的接受度相关的话题，就不得不提到下面这件事。

在 20 世纪的物理学史之中，构筑量子场论可以说是屈指可数的贡献之一。即便如此，作为构筑量子场论最大的功臣，约尔当一直活到 1980 年都没能获得一次诺贝尔奖。

关于诺贝尔奖，也有一些让人难以理解的地方。1928 年爱因斯坦推荐构筑了矩阵力学的玻恩、约尔当、海森堡三人为诺贝尔物理学奖候选人。但 1932 年的获奖者只有海森堡一个人。海森堡在写给玻恩的信中惊讶地表示不知道为什么只有自己一个人获奖。

玻恩在 1954 年因为“关于量子力学的基础研究，尤其是对波动函数的概率解释”获得诺贝尔奖，但概率解释早在 20 世纪 20 年代就有许多物理学家提出过，玻恩在 20 多年后因为这个理由而获得诺贝尔奖实在是有些神奇。

根据我个人的猜测，诺贝尔委员会可能是将约尔当排除在了获奖者的名单之外。玻恩的主要成绩都是与约尔当共同研究取得的，所以当时只能和约尔当一起把玻恩也排除在外，然后在 20 多年之后再给玻恩补发一份诺贝尔奖。

约尔当之所以遭到排斥，很有可能与他在 20 世纪 20 年代频繁发表纳粹主义言论有关。约尔当在 1933 年加入纳粹党并成为突击队员。虽然他作为物理学家取得了值得肯定的成绩，但在各种书籍与文献中对他的评价都不是很高，可能他在政治上的言行确实产生了一定的负面影响。至于是否连带量子场论也受到影响而不被学界所接受，我个人认为不能排除这种可能性。

因为在第二次世界大战中帮助纳粹进行军事研究，约尔当在战后被学校革去了教职。但泡利（1945 年获得诺贝尔奖）在这个时候向他伸出了援手，尽管泡利因为犹太裔的身份而不得不从瑞士移居美国，他还是凭借自己在学界的影响力帮助约尔当恢复了教职。

虽然约尔当在政治上的言行确实存在问题，但他对物理学的态度还是有许多值得学习的地方。与玻尔和海森堡不同，约尔当与爱因斯坦和薛定谔一样，都想找出“为什么”的答案。“为什么所有的基本粒子都拥有相同的质量？”“为什么能够定义位置和动量的同时却有波的特性？”约尔当尝试用量子场化的方法论来找出这些自然界中存在的谜团。虽然从提出理论到得出完整的解答，整个学界花费了长达 40 多年的漫长时间，但如果没有约尔当第一个进行挑战，或许一切都不会开始吧。

第三部分 >>>

让量子理论回归常识

量子理论经常被看作是超出常识范围的奇怪理论。比如猫处于既生又死的状态，或者在被观测到的瞬间世界的状态就发生了改变等。但这些说法其实都来自对量子理论的错误解读。一切物理现象的根源，都存在难以直接观测到的细微波动，如果以此为前提的话，那么量子效应也就显得不那么超出常识了。

海森堡与狄拉克都假设电子是粒子，并以此为基础构筑起粒子波动的理论，但这显然并没有准确地把握自然界的实际情况。比如科学家们无法把握被原子束缚的电子的运动轨迹，可是“电子既然是粒子为什么无法把握运动轨迹呢”？这种状况就很容易被看作是超出常识的奇怪现象。薛定谔和约尔当则认为“电子是波，只有在外界的作用力不会使驻波发生紊乱的情况下才会表现出粒子的特性”，如果从这个角度来思考的话，就不会感到那么奇怪了。原子内部的电子之所以无法确定运动轨迹，是因为原子核持续不断地施加电力作用，导致电子的波无法形成稳定的共振状态，所以没有表现出粒子的特性。

根据量子场论的理论，空间并不是空无一物的“空间”，而是所有地点都可以产生振动的实体。我们认为是电子运动的现象，实际上是这些振动作为波传播和相互干涉的过程。因此，如果认为电子像一个台球一样在真空中自由运动的话，就会对现场产生错误的理解，导致理论出现混乱。这也是导致许多人认为量子理论晦涩难懂的元凶。

在本书的第三部分，我将用符合人类常识的波的振动对被认为超出常识之外的量子理论的现象进行解释。涉及的话题分别是“薛定谔的猫”“观测与历史”“量子纠缠”。

第七章　薛定谔的猫与量子计算机

在关于量子理论的话题中，最著名的当属“薛定谔的猫”。即便是不怎么了解物理学的人或许也听说过这个。在漫画、动画与游戏等亚文化领域就经常会引用这个话题来当作一种文化符号。

薛定谔的猫，指的是生与死的状态重叠在一起的猫。在海森堡等人开发的正则量子化方法中，因为用抽象的数学工具（被称为“希尔伯特矢量空间”，因为这部分的内容过于专业，在此不做过多的说明）来表现量子理论的状态，所以就连物理学家们也无法理解这种叠加状态。但如果以量子场论为基础，从一切物理现象都是波的角度来进行思考的话，就会知道这里所说的其实就是“波的叠加”。即便是像猫这样复杂的系统，其根源也是由遵循量子理论的原子和基本粒子组成的，所以其物理状态也完全可以用量子理论中的波动来进行描述。

当然，猫的状态与水面上的波还是有所区别的。两个波纹交叉的时候会暂时出现重叠，但如果说猫的生死状态也会像水波纹一样出现重叠，还是让人有些难以置信。物理学家要如何回答这个问题呢？

从结论来说，活着的猫和死掉的猫，波在现实中是不会出现重叠的。但量子理论的波的重叠并不是完全不可能发生，在原子层面上，这是很常见的现象。

在什么样的情况下会出现量子理论的波的重叠，这是一个非常深奥的问题。与曾经轰动一时的“量子计算机”之间也存在着很深的联系。

什么是薛定谔的猫?

“薛定谔的猫”最早出现于薛定谔在1935年发表的长篇论文《量子力学现状》。在这篇论文第一部分的结尾，薛定谔提到了一个猫的故事。但他并不是为了用充满趣味的比喻来介绍量子力学的现状。虽然在开头薛定谔表示“这完全是一个开玩笑的情况”，但实际上他举这个例子是为了对量子力学的现状进行批判，因为他认为如果继续这样下去就会出现像这只猫一样奇怪的事态。薛定谔在论文中提到的是放射性物质，本书将其替换为β衰变的中子。不过，要想让中子在真空中保持孤立的静止状态极为困难，所以请大家将其看作一个理论上的虚拟实验。

中子的β衰变是一种概率事件。孤立的中子的半衰期大约10分钟，从某一时刻开始的10分钟之内，有50%的概率出现β衰变。因为这个概率是固定的，所以不会出现“一旦长时间保持中子的状态，下一个10分钟出现衰变的概率会越来越高”的情况。这就像投硬币的时候不会出现“因为连续出现了10次正面，所以下次出现背面的概率会大于50%”的情况一样。

在一个外面无法观测到内部情况的箱子里，有一只猫和一个毒气瓶（图7-1）。毒气瓶旁边的锤子由孤立中子的β衰变控制。如果出现β衰变，产生的高能电子就会被放射线感应器感应到，同时打开开关使锤子落下。结果就是毒气瓶被打碎，里面的毒气使猫死亡。将猫放入箱子里之后，经过中子10分钟的半衰期，猫的生存概率为50%，死亡概率也为50%。那么，物理学上要如何描述这种状态呢?

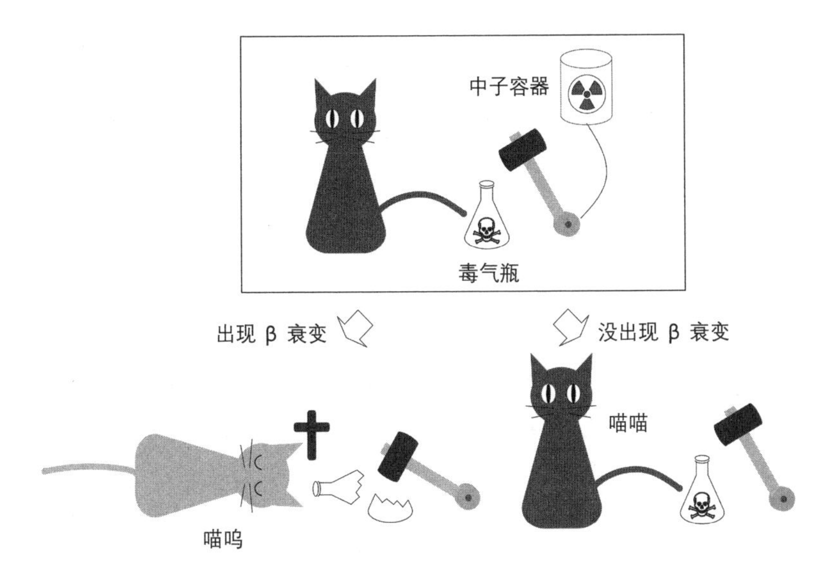

图 7-1　薛定谔的猫

如果只关注中子出现 β 衰变前后的变化，在用波动函数表示基本粒子运动的假设条件下，是可以用量子理论进行描述的。出现 β 衰变之前，一个中子孤立存在，这种状态可以用中子的波动函数来表示。β 衰变后的状态则变成质子、电子、反中微子这 3 种基本粒子，各自带着出现 β 衰变时释放出来的一部分能量自由运动的波动函数。在这个时候，中子的波是不存在的。

从孤立中子的状态经过 10 分钟之后时的波动函数，就是这两种状态相互叠加的函数。假设能够通过量子理论的算式来表示组成宏观物体的原子和基本粒子的时间变化，那么出现 β 衰变的波动函数与没有出现 β 衰变的波动函数的叠加态就表示这种变化，最终就会出现表示活着的猫的波动函数与表示死去的猫的波动函数叠加的状态。“薛定谔的猫”指的就是这种量子理论的叠加状态，也就是“既生又死的猫”。

可能很多人都会说“怎么可能有这种事”，确实，这种事情非常奇怪。但在薛定谔的时代，因为无法通过实际的实验和观测来证明波的叠加会发生怎样的变化，只能进行形式上的讨论。正是因为这种形式上的讨论，才诞生了活着的猫与死掉的猫叠加的神奇结果。

事实上，量子理论中波的叠加是非常不稳定的状态。在外部产生能量流的情况下，比如发生化学反应时，叠加的波就很容易崩溃。由于毒气的效果是由进入猫体内的气体分子的化学反应产生的，所以表示死于毒气的猫的波动与表示活着的猫的波动无法维持叠加的状态。

从实际的情况来说，在猫死亡之前的 β 衰变的时间点上，就已经不能考虑叠加的情况了。但要想解释这种变化，需要涉及“退相干”这一稍微有些复杂的内容。我将在第八章中进行简单的介绍，本章只考虑两个量子理论状态叠加的一般情况。

不存在既生又死的猫

两个波纹在水面上交叉的时候，波峰会重叠在一起形成更高的波峰，但这种状态只能维持很短的时间。同样的状态也能够在弦上观测到。猛地波动弦之后，弦会表现出许多波重叠在一起的复杂波形（图 7-2）。但随着能量的消散，除了共振状态的特定模式之外的波形的振幅会越来越小直至消失。一开始复杂的波形也会逐渐变成简单的共鸣状态的波，通过高速摄像机能够将这一过程完整地记录下来。

拍打浴缸里的水，水面上也会先出现混乱的波纹，然后形成拥有固定振动数量的驻波（第二章的图 2-3）。这是因为大多数在水面上交错的波因为相互干涉而抵消，只剩下满足共振条件的波留了下来形成驻波。

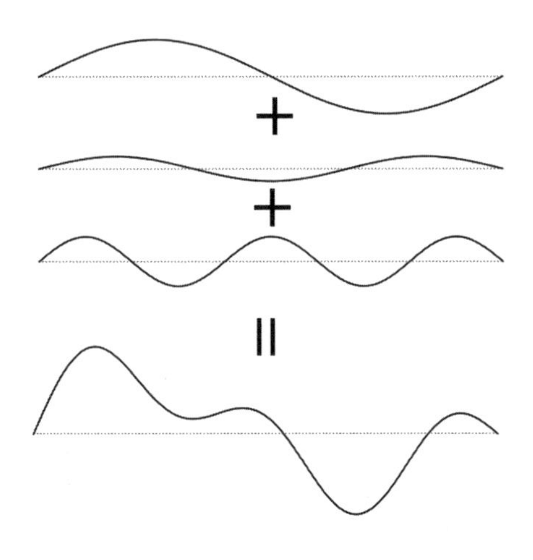

图 7–2　许多波叠加的弦的波形

因为驻波由行波和反射波叠加而成，所以能够长时间维持。

这里的关键在于，行波与反射波的振动数量相同。为了让叠加的状态持续下去，在叠加前每个波的振动数量必须相同，而且要充分接近。如果两个振动数量存在微小差异的波叠加在一起，即便能够维持振动，也会因为产生扭曲导致振幅出现周期性的变化。

量子理论中能量量子的情况，与光量子论中爱因斯坦所说的情况相同，能量与振动数量之间存在固定倍数的关系式。因此，振动数量相同也就意味着振动的能量相同。

由许多原子组成的宏观物质如果处于不同振动数量的波叠加的状态，就会产生局部的能量移动，使得最初的叠加难以维持。大家可以想象一下地震时高层建筑与地震波产生共振的情况。高层建筑遭遇强烈地震时，建筑内部的各种物体都会以各自易于共振的振动数量产生振动。但这种局部的振动能量在建筑内部扩散后很快就会衰减。另一方面，整栋建筑与地震波的长周期部分（周期 2 秒以上振动的部分）产生共振的话，振动就会持续很长时间。2011 年东日本大地震的时候，新宿的高层建筑群就与被关东平原的软性地质增幅的长周期地震产生了共振，即便在地震平息后仍然持续振动了好几分钟。

在量子论描述的系统之中，波长与人类的尺寸相比非常短，所以只有在尽量减少与周围接触的足够小的领域之内才能维持波的叠加状态。在工程学的应用领域，需要通过给叠加的波的振动数增添偏差来控制振动状态，在这种情况下，偏差必须非常小。如果能够实现这种系统，那么叠加的波就能够维持一定时间的叠加状态。即便如此，一旦遭到外界的冲击或者热量的传导，叠加状态也会瞬间崩溃。想要让猫这样的宏观物体维持既生又死的叠加状态是完全不可能的。

维持叠加状态的情况

虽然猫这种宏观物体连一瞬间的叠加状态都不可能维持，但在原子的层面上，原子理论的叠加状态却十分常见。

比如氢原子，相当于弦的 2 倍振动的 2p 状态（参见第二章的图 2-5），是电子以质子为中心向特定方向倾斜分布的状态，根据这个方向在三维空间中的朝向，存在拥有相同能量的 3 种状态。用算式来表示的时候，可以在 x、y、z 各轴选择倾斜分布的电子状态，但在现实世界之中，却会出现与人类选择的坐标轴毫无关系的电子倾斜。相对于坐标轴倾斜的电子状态，表现为 x、y、z 轴分别倾斜状态的叠加。

2p 状态的叠加可以想象为水杯中的驻波（图 7-3）。在圆形的水杯内部倒入水产生振动，水会按照特定的方向往返并形成驻波。只要确定以圆形的中心为原点的水平方向的直角坐标轴，就可以用算式来表示沿 x

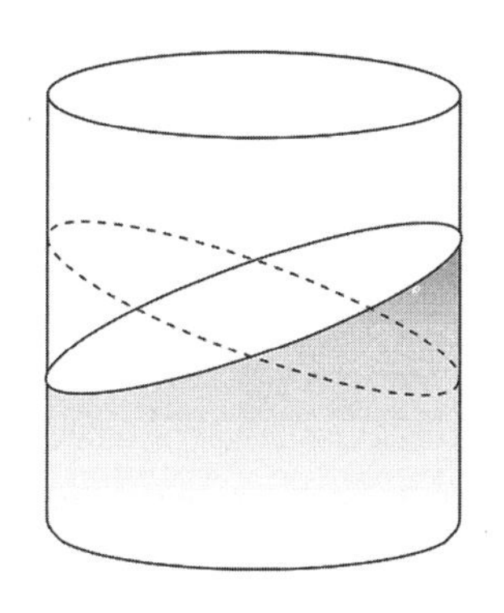

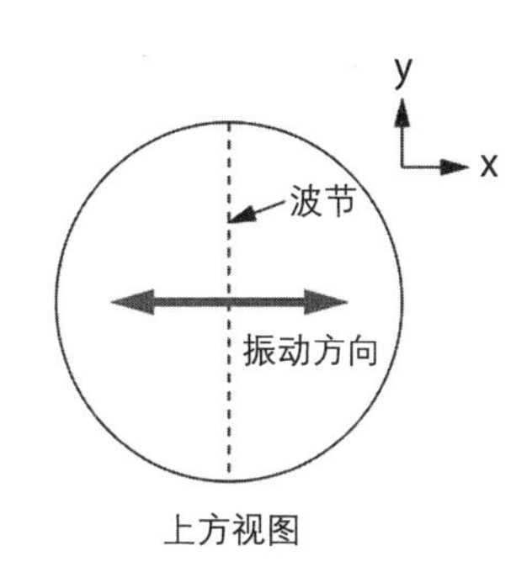

图 7–3　水杯中的驻波

轴与 y 轴方向振动的两种驻波。那么，在这两个坐标轴中间方向产生的振动要如何表示呢？用最简单的模型来说的话，就是给 x 轴方向的振动与 y 轴方向的振动添加适当的系数后叠加的振动。氢原子的 2p 状态也可以看作是与之相同的叠加状态。

在原子层面上，像电子分布朝任意方向倾斜的 2p 状态这样波维持叠加状态的情况并不少见。但如果是由许多原子聚集在一起构成的物质，就很难维持这种叠加状态。因为原子的位置关系会导致能量的值出现偏差，很容易产生能量流，导致振动数和波形发生变化，使最初的叠加状态崩溃。

那么，是否能够通过人工使波在更大的尺寸中实现叠加呢？直到 20 世纪中叶，关于由许多原子组成的物质的量子理论状态，不管在理论上还是实践上都难以进行研究。但在 20 世纪末期开始，随着实验精度的提升，人类终于能够对介观现象进行更加详细的分析。

介观指的是介于微观与宏观之间的领域。更直观地说，就是比分子的尺寸更大，比能够进行切削加工的尺寸更小的范围，在几纳米到几百纳米之间（1 纳米为十亿分之一米）。SQUID（超导量子干涉仪）就是在这一领域得到广泛应用，并且在量子理论的基础研究中也做出重要贡献的设备。

能够实现的“猫态”

SQUID 是在一个由超导体制成的圆环中夹着约瑟夫森结的元件（图 7-4）。约瑟夫森结是两个超导体中间夹着一个只有几纳米厚的绝缘体组成的结构。虽然在接合处有绝缘体，但根据量子理论的隧道效应（能够穿越牛顿力学法则中无法穿越的能量屏障的现象），电流还是能够通过。因为在超导状态下的电阻为 0，所以 SQUID 中的圆形电流会持续不断地流动。只要穿过圆环的磁场有细微的变动，遵循超导特性的电流就会出现巨大的变化，因此 SQUID 常被作为精密的磁场感应器。

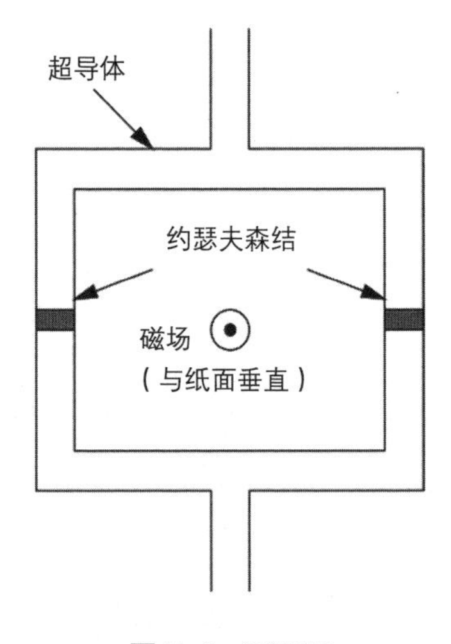

图 7-4　SQUID

超导状态指的是形成电流的电子仿佛凝聚成为一个整体那样井然有序地形成一道相互协作的电流。在这种情况下，电子几乎没有粒子的特性，而是表现出明显的波的特性。如果每个电子都像台球一样自由移动，那么在圆环中流动的电流就能够明确地分辨出究竟是在顺时针流动还是在逆时针流动。但实际上处于超导状态的电子，就像水杯中摇晃的水以及与地震波共振的高层建筑一样，所有电子都成为一个整体以波的形式运动。因为没有像台球那样实体的运动，所以顺时针和逆时针的波也有可能叠加在一起。20 世纪 80 年代安东尼・莱格特提出可以使用 SQUID 来实现这种类型的叠加状态，到了 20 世纪末 21 世纪初的时候，有许多团队都通过实验证明了安东尼・莱格特的猜想。

SQUID 圆环的尺寸大多直径不到 1 毫米，但与原子相比还是非常巨大。在实现叠加状态的 SQUID 圆环中，电流中的电子数量多达数百亿个。即便数量如此“巨大”，只要在不受外部影响的条件下进行实验，就能够将顺时针和逆时针的波叠加在一起，实现叠加状态。只要有非常微弱的磁场，就可以对能量的偏差进行微小的调整。

这种叠加状态可以看作是“薛定谔的猫”的介观版，在物理学论文中将其称为“猫态（cat states）”。由此可见，物理学家们也是相当幽默风趣的一群人。

虽然生物状态的猫不可能实现叠加状态，但介观的猫态，除了 SQUID 之外，还可以通过许多工具来实现。现在许多科学家和技术人员都将大量的精力投入到了应用这种猫态的装置的研究开发之中，这种装置就是现在大家耳熟能详的量子计算机。

传统计算机的机制

普通用户使用的计算机，一般都是像笔记本电脑和智能手机那样，需要事先安装应用程序，能够执行固定的任务。但 20 世纪初期，艾伦·图灵设计的计算机的原型，是能够执行任意逻辑算法的设备。虽然需要使用其他设备来读取数据和显示画面，但最本质的逻辑运算是由被称为逻辑门的元件（拥有特定机能的回路组成要素）组合而成的运算单元进行的。

逻辑学的状态可以用 0 和 1 来表示。在亚里士多德的古典派逻辑学中，0 代表假，1 代表真。古典的逻辑运算是对用 0 和 1 表示的输入，按照一定的规则给出 0 或 1 的输出，在基本的逻辑运算之中，还包括非（NOT）、或（OR）、与（AND）等内容。

比如与，在两个输入都为 1 的时候为 1，都为 0 的时候为 0（图 7-5）。用古典逻辑学的理论来解释的话，与代表“两个都有”，针对两个命题 A 和 B，如果 A 和 B 都为真的时候与就为真，A 和 B 都为假的时候与就为假。

这里的关键在于，一切逻辑运算都是由这些基本的逻辑运算组合而成的。如果拥有一台可以将基本的逻辑运算进行任意组合的设备，那么

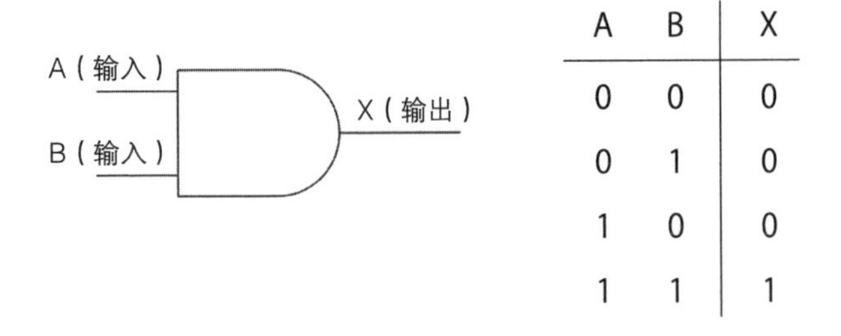

A	B	X
0	0	0
0	1	0
1	0	0
1	1	1

图 7-5　与门

就可以执行一切的逻辑运算。而拥有这种功能的万能设备就是我们所熟知的计算机。现如今，计算机已经被应用于各个领域，发挥着各种各样的作用。虽然计算机能够进行任意的逻辑运算，但同样，计算机也只能进行逻辑运算，这可以说是它最大的局限。

电子设备表示 0 与 1 这两个状态时，大多利用的是电压的高低。在传统的计算机之中，用来进行基本逻辑运算的逻辑门，常用名为 MOS（金属—氧化物—半导体）的 3 种素材组合而成的晶体管。

简单来说，晶体管就是根据中间被施加的电压，变为导体或者绝缘体的元件。N 型晶体管是中间部分为高压时变为导体，低压时变为绝缘体；P 型晶体管则是中间部分为高压时变为绝缘体，低压时变为导体。请看图 7-6 所示的回路。在这个回路之中，向中间部分输入低电压的时候，输出端因为与电源直联所以是高电压，而向中间部分输入高电压的时候，

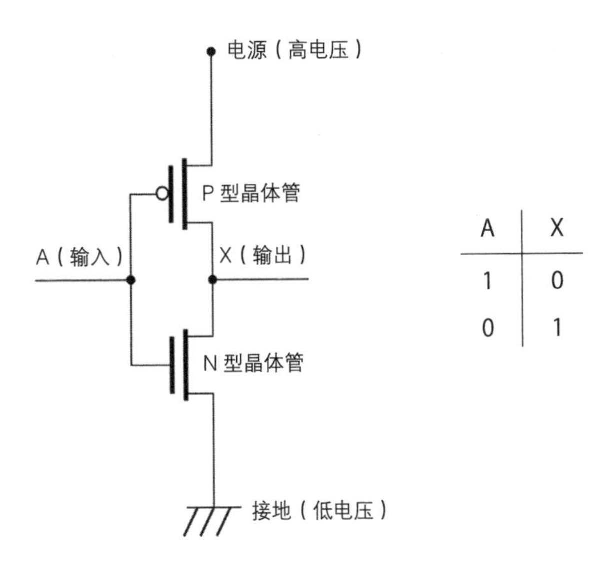

图 7-6　CMOS 晶体管的非门

输出端因为与接地部分直联所以为低电压。如果用 1 表示高电压，0 表示低电压，那么输入为 0 的时候输出为 1，输入为 1 的时候输出为 0。因此，这个回路就是输入和输出刚好相反的非（NOT）门。

或门、与门等基本的逻辑门也可以通过晶体管的组合来实现。将晶体管与电容器、导线等其他元件安装在一个面板上，将多个逻辑门组合在一起，就是我们熟知的集成电路。现在我们使用的计算机，就是通过集成电路进行非常复杂的逻辑运算。

集成电路的集成度每年都在提升，如今已经接近到无法再继续提升的饱和状态。因此，科学家们开始考虑利用能够实现量子理论中猫态的元件作为逻辑门。而使用这种量子逻辑门的计算机就是量子计算机。

量子计算机对猫态的利用

能够在一定时间内维持叠加状态的量子仅限于几个种类。除了 SQUID 类型的超导回路之外，还有利用被电场静止在空中的离子，以及利用原子核的磁石性质等种类。从 20 世纪 90 年代后半段到 2000 年前后，科学家们进行了许许多多的实证试验，就为了找出在理论上能够运转的类型。

在早期的实验中，科学家们虽然实现了叠加状态，但持续的时间非常短，因此科学家们认为无法将其作为逻辑门使用。比如 1999 年中村泰信首次实现了固体原件的叠加状态，但持续时间只有短短的 1 纳秒（十亿分之一秒）。但进入 21 世纪 10 年代之后，随着实验方法的不断改良，持续时间也大幅延长。如果研究顺利的话，制作出能够叠加的量子逻辑门或许只是时间问题。

使用 MOS 晶体管作为逻辑门的情况下，只能通过高压电和低压电表示1和0这两种状态。但要是量子的叠加状态能够维持足够长的时间，1与0叠加的状态也能够作为逻辑运算的步骤。在思考波的算式时，叠加就是将两个波的算式相加和相减，作为1与0的和、1与0的差来表示。和与差用SQUID来说的话，就相当于电流顺时针的波与逆时针的波的算式相加和相减时的波，而不是单纯的数值的加法和减法。

比如被称为阿达玛门的逻辑门，就是输入为0的时候输出为1和0的和，输入为1的时候输出为1和0的差的元件（图7-7。因为并非数值而是量子状态，所以0和1用|0>与|1>表示）。除此之外还有许多输入与输出处于叠加状态的逻辑门。

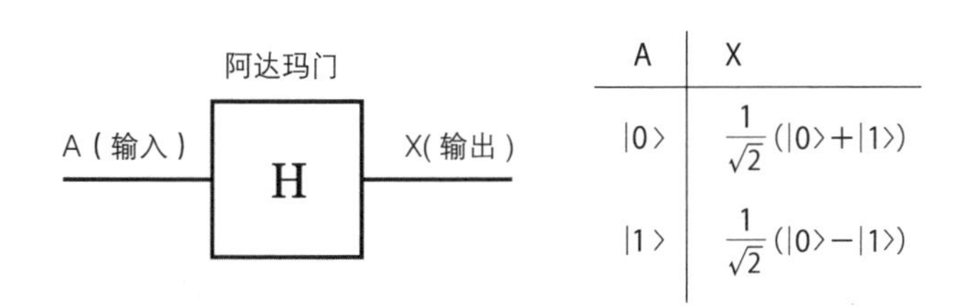

图7-7 阿达玛门

如果能够利用这种逻辑门输入和输出相叠加的状态，就能够用比MOS晶体管的逻辑运算更少的步骤计算出最终的结果。MOS晶体管在运算的中间阶段只能出现1或0这两种可能，与之相对的，量子门可能出现各种叠加状态，并且将这些状态全部应用在运算上。

量子门中有一种叫作控制非门。控制非门的输入分为控制输入A和目标输入B，如果A为0的话，B的输出与输入相同，如果A为1的话，B的输出与输入相反（图7-8）。这里的关键在于，控制非门的输入也能够实现叠加状态。

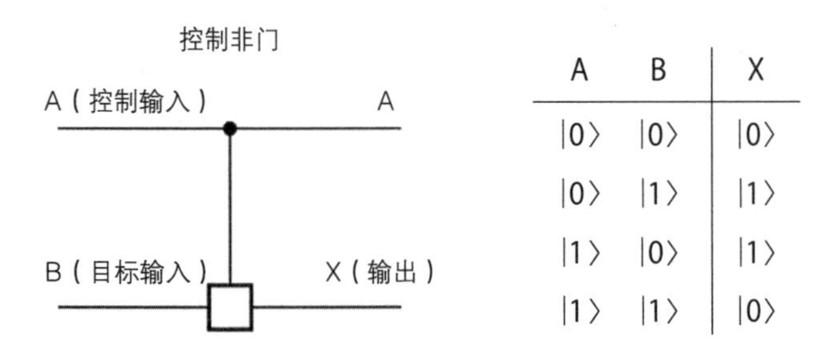

图 7–8 控制非门

输入为叠加状态时的输出，就是在输入为非叠加状态时的结果再加上因为叠加而产生的“重量”。这里所说的“重量”，相当于用算式表示时在各项上添加的系数，表示 0 状态混合百分之多少，1 状态混合百分之多少。传统的计算机只能输入 0 或 1 分别进行计算，与之相比，量子门计算机可以通过分析这些系数的变化，在一次运算过程中进行多次计算。计算的目标是正确答案状态的“重量”足够大时的输出。

2019 年，谷歌宣布利用超导回路的量子计算机只用了 200 秒就解决了当时世界上最快的超级计算机需要计算 1 万年的问题。虽然这个计算问题属于很适合拥有随机量子回路的量子计算机进行计算的类型，而且谷歌的竞争对手 IBM 的工程师团队也表示只要在计算方法上做一些调整，传统计算机只要 2 天半就能得出结果，根本不需要 1 万年那么夸张。但只需要连接 53 个超导回路就能实现如此惊人的计算速度，确实值得肯定。

正确率0.2%的挑战

那么，利用量子门的量子门计算机，拥有远远超出现在计算机的运算速度，今后能够在社会上普及吗？很多专家都认为没那么简单。因为叠加状态非常不稳定。

为了维持叠加状态，必须阻止外部的冲击和热量的影响，所使用的元件中也不能含有任何杂质和缺陷。如果不能按照逻辑运作，计算结果就会出现错误。以谷歌创造的量子门计算机为例（1 比特类型的元件），一个步骤有 0.16% 的概率出现计算错误。考虑到元件的组合与计算的步骤数，进行计算得到“正确”答案的概率只有 0.2%，也就是说，进行 1000 次计算有 998 次是错误的。

因为会出现这样的错误，所以量子计算机必须拥有纠正错误的机制。也就是即便出现计算错误，也能够一边纠正错误一边继续进行计算。但也有人认为，设备增大和计算量增大，会导致出现错误的概率大幅提高，使得纠错机制无法发挥作用。这样的话，量子计算机就成了只能得出错误答案的废物。

除了减少错误之外，增加量子门在技术上也存在困难。要想让量子门计算机投入使用，恐怕还需要几十年的时间。

另一种量子计算机

除了利用逻辑门叠加状态进行计算的量子门计算机之外，还有一种量子退火计算机。这是专门处理“最优组合问题”的计算机，而且目前已经进入了有产品销售的实用阶段。

最优组合问题，用通俗易懂的例子来说就是“用一辆卡车将货物送到几个地点时，思考从出发点到目的地的最佳路线的问题”。计算出每条路线的燃油费等成本，然后找出“成本最低”的路线，这就是最优组合。这个比喻还可以进一步复杂化，比如增加卡车的数量，考虑高速公路过路费、交通拥堵情况、货物配送优先度、驾驶员疲劳度等因素，这样一来用于表示成本的算式也会变得更加复杂。

在物质世界之中，存在能够一眼看出成本最小的路线的机制。比如折射率会随地点改变的媒介被光线照射时，根据费马定理，光线会按照最短的光学距离传播。这是因为遵循惠更斯原理的光的要素波在前进时，不按照光学距离最短的路线前进的要素波会因为相互干涉而抵消，所以只有按照距离最短的路线前进的波残留了下来。

用铁丝做一个框架，放进肥皂液里再拿出来就会在框架内部形成一层薄膜。这个薄膜一定是框架内部面积最小的。如果框架在三维中是曲面的话，利用算式来计算最小面积非常复杂，但在自然界之中却可以遵循物理法则自然而然地实现最小面积。这是因为在表面张力的影响下，薄膜拥有的弹性势能与面积成正比。

刚形成的薄膜会有微小幅度的振动，薄膜的能量由振动势能与弹性势能的和组成。但因为振动产生的热量会向周围散逸，所以薄膜的能量会逐渐减少，液体也会随之流动。最终振动停止时，薄膜就会固定为弹性势能最低的最小面积状态。

通过量子效应对自然界中出现的这些物理现象进行模拟的，就是量子退火计算机。但要想对所有可能的路线的成本进行计算非常困难，所以采用的是事先设定基准路线，在改变路线时判断成本是否减少的方法来进行计算。不过这种方法不一定能够得到最优解，只能计算出在“与基准路线接近的路线”范围内的部分最优解。

量子退火计算机只能计算组合问题，而且不一定能够求得最优解。计算速度也不如量子门计算机那么快，但在已经进入实际应用阶段这一点上处于优势。

另一方面，量子门计算机能够通过逻辑运算解决所有的问题，只要正常运转就拥有量子退火计算机完全无法相比的运算速度，但距离实际应用还有很长的路要走。现在，已经有几个团队开发的小型量子计算机进入了实证试验阶段。

在现实社会中存在许多相当于组合问题的课题，所以量子退火计算机的作用是不容忽视的，而量子门计算机恐怕在未来一段时间里都只能是研究者们的玩具。像核聚变发电与有人行星探测等技术，从 20 世纪中段开始就一直被认为即将实现，但实际上直到现在也没能成功。希望量子门计算机不要重蹈覆辙。

不过对于我个人来说，因为量子门计算机经常给出错误的答案，通过对其犯错的方法进行分析，搞清楚与叠加状态崩溃相关的原因也是一种乐趣……

第八章 历史会有分歧吗？

量子理论中有一个非常神奇的理论，那就是“在人类对其进行观测之前，无法确定究竟发生了什么”。薛定谔的猫就符合这一理论，在人类对箱子里面进行观测之前，无法确定猫究竟是生还是死。以前也有物理学家认为“在进行观测之前，猫处于生与死的叠加状态”，但现在的物理学界对此持否定态度。

比原子大得多的宏观物体非常难以维持量子叠加的状态。即便是像 SQUID 那样高科技的工具，如果不保持超低温和稳定的环境，叠加状态也会立即崩溃。因此处于生死叠加状态的猫是不可能存在的，不管人类是否观测，这种叠加都只会处于不断崩溃的状态。

猫活着的过程与中途死亡的过程是相互排斥的，只能二选一。但像 SQUID 那样的精密元件，因为能够实现不同量子状态的叠加，所以也可以看作维持叠加的物理过程。那么，叠加崩溃的情况和叠加维持的情况，在理论上应该如何解释呢?

关于这一问题的讨论，甚至可以追溯到玻尔与爱因斯坦的论战。当时两人都没能得出准确的答案，但到了 20 世纪后半段，科学家们终于找到了明确的方向。解决这个问题的关键词就是“退相干”。

“从哪一个通过”?

请大家回忆一下第一部分介绍过的双缝实验(参见第三章的图3-1)。托马斯·杨在19世纪初期进行了这一实验,用光线照射带有两个小缝的板子,在板子后面的屏幕上会出现一系列明亮条纹与昏暗条纹相间的干涉纹。这说明出现衍射的两条光线相互干涉,证明了光是波。当初电子也被认为是拥有一定质量和电荷的粒子,在德布罗意提出物质波理论之后的1927年,科学家们发现电子也和光一样能够出现干涉纹。

因为电子光波的波长很短,要想制作出能够观测到干涉纹的缝板非常困难,所以科学家们常用的实验方法是在真空中并列悬停两个原子,然后用电子光波对其进行照射。原子能够使电子散射,就能观测到与缝板使光衍射同样的现象。为了便于大家理解,在以下的讨论中,将电子的实验也当作是和光一样“穿过小缝”的情况。

值得注意的是,即便降低电子光波的密度,让电子一个一个地抵达屏幕,观测电子冲击屏幕的痕迹,也会发现是明暗相见的干涉纹。这说明电子的干涉并不是因为某个电子与其他电子的相互作用。

那么,当一个一个放出的电子在屏幕上出现干涉纹时,“如果”电子是粒子的话,就应该是从两个小缝的其中之一穿过。既然如此,是否可以通过某种方法来确定每个电子究竟是“从哪一个缝中通过”的呢?科学家们围绕这个问题展开了接近1个世纪的讨论。

在第四章中我们提到了第六届索尔维会议上玻尔与爱因斯坦的争论,而在第五届索尔维会议上,大家讨论的就是“从哪一个缝中通过”实验的问题。

如果缝板可以移动……

玻尔认为电子与光子表现出的粒子性和波动性是“排他的”，也就是表现出其中一方的特性时，另一方的特性就会消失。如果想知道电子（光子）穿过了哪个缝隙，就是相当于确认其粒子性，所以在观测路径的时候，波动性表现出来的干涉纹就应该消失。而出现干涉纹的时候，就绝对无法通过实验观测到电子的路径。

爱因斯坦对玻尔的想法持批判态度，他想到了一个可以不对电子进行观测的方法。只要在电子通过后对实验装置进行分析，就可以在不干扰电子状态的情况下判断出究竟发生了什么。在电子穿过缝板时，电子因为缝板的力而改变了运动方向，根据作用力与反作用力的法则，缝板被赋予了动量。因此在电子通过之后，只要观测缝板的移动情况，就可以在不改变双缝实验模式的情况下确定电子究竟通过了哪一个缝隙。

遭到爱因斯坦的反驳后，玻尔无法当场做出回答，于是他找到同样出席了会议的海森堡和泡利商量。两人将讨论的结果告诉玻尔，玻尔在晚餐的时候回答爱因斯坦的反驳。

玻尔阵营讨论的重点在于，为了确定电子究竟通过了哪一个缝隙，缝板必须拥有能够在电子反作用力的作用下出现移动的可动性（图8-1）。缝板可动的话，就会在电子穿过缝隙的时候受到电子运动状态的影响。但如果缝板的移动幅度大到能够测量出电子穿过了哪个缝隙，那么从两个缝隙穿过的波就无法满足干涉条件，屏幕上的干涉纹就会消失。

对于玻尔的这个回答，爱因斯坦无法提出有力的反驳。因此，看起来似乎是玻尔阵营在争论中取得了胜利。

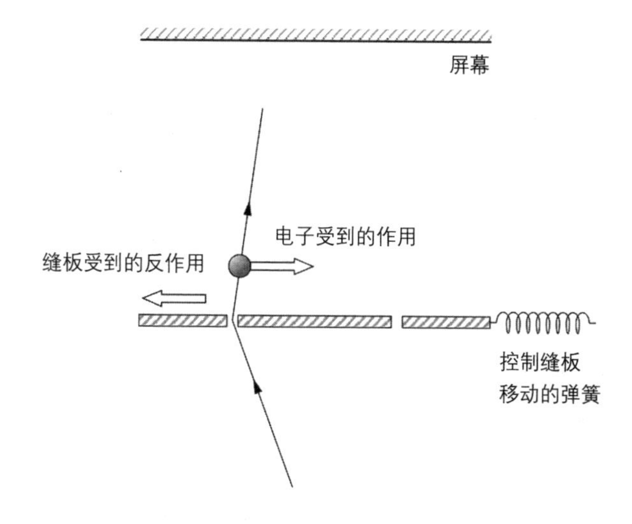

图 8-1　缝板可动的双缝实验

胜利者是玻尔阵营吗？

在双缝实验中，如果为了确定电子“通过哪一个缝”而将缝板设定为可动，干涉纹就会消失。很多人认为，观测粒子的轨道就会使干涉纹这一波的特性消失的结果证明玻尔“粒子性与波动性是排他的”这一主张的正确性。此外，海森堡提出的“为了确认结果而进行观测的行为，会扰乱对象的状态，导致无法客观地确认发生了什么”的理论也得到支持。

但真的是这样吗？让我们再来仔细地分析一下玻尔（准确地说应该是海森堡和泡利）的回答。分成 3 个部分来进行思考。

1. 粒子性和波动性是排他的吗？
2. 人类有观测的必要吗？
3. 实际上通过了哪个缝？

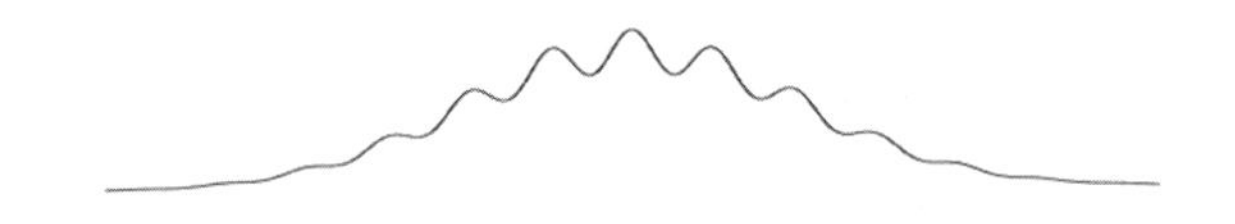

图 8-2　混合在一起的干涉纹

粒子性和波动性是排他的吗?

双缝实验中出现的干涉纹，毫无疑问是波动性的体现。但更换可动缝板之后干涉纹消失，这并不能证明是粒子性的体现。海森堡与泡利在索尔维会议上提出的方法，只是对干涉条件进行了大致的估算，并没有对电子的波动函数进行具体的求解。

直到半个世纪之后的 1970 年，才有科学家利用薛定谔方程对缝板可动时的波动函数进行计算。计算结果表明，因为将缝板本身看作量子理论的对象，所以其位置与速度都变得无法确定，应该在与电子碰撞之前就拥有一定程度的速度。如果考虑到这一点，仅凭电子通过后缝板的位移就无法确定电子究竟通过的是哪一个缝，只能推测出电子通过其中一个缝隙的概率。而且在这种情况下的干涉纹虽然明亮的条纹和昏暗的条纹之间的差异变小导致整体看起来模糊不清，但并非完全消失，只是成为混合在一起的干涉纹（图 8-2）。

干涉纹的这种变化是连续产生的。随着缝板可动性的提升，确定电子通过缝隙的概率也逐渐提升，干涉纹就越模糊不清。当达到能够 100% 确定电子路径的极限时，干涉纹就完全消失不见了。

这一计算结果证明，波动性与粒子性并非严格地排他，而是能够在一定范围内共存的。

乍看起来这可能是个非常不可思议的结果，但如果从量子场论的角度来看，电子并非粒子而是波的话，上述结果就显得非常合理了。电子场的波如果在原子的层面上，就能够以在原子核的周围形成驻波的形式表现出波动性。但如果在远远大于原子的宏观层面上，因为受到各种能量流动和不同振动数的波的干涉，所以波动性就会被抵消。

如果想在远远大于原子的宏观层面上展现出量子理论的波动性，就必须像双缝实验那样，准备非常精密的实验设备。而且就算真的拥有只要正确运转就能产生干涉纹的设备，如果这个设备的各个零件没有完全固定的话，就无法满足出现清晰干涉纹的条件，导致干涉纹变得模糊不清。使缝板可以移动之后导致干涉纹消失也是同样的原因，并不是什么值得惊讶的事情，完全没有必要将其过度地解释为“为了观测粒子性而导致波动性消失，意味着粒子性与波动性之间存在排他关系”。

波动性与粒子性之间并非排他关系的例子，在工程学的应用领域也十分常见。

现在的半导体技术已经可以对非常小的尺寸进行加工。甚至出现了只需要在基板表面薄薄地喷上一层素材分子，就能制作出厚度只有几纳米的薄膜。在这种薄膜内部通电的时候，薄膜表面的垂直方向就会因为被封闭的电子波而在薄膜的中央附近形成驻波。但由于薄膜表面的平行方向没有封闭，所以电子就会像粒子一样移动。也就是说，在一个现象之中同时出现了垂直方向的波动和平行方向的粒子的双重性。

在纳米级的半导体之中，电子被封闭在特定的领域之内维持一定的能量状态，又因为通道效应，波动的现象可以穿过势能屏障出现在任一地点。另一方面，在传导线路部分，电子又像粒子一样移动。由此可见，波动性与粒子性同时出现的粒子并不少见。

人类的观测是必不可少的吗？

正如前文中说明的那样，双缝实验中将缝板变为可动的时候干涉纹之所以消失，并不是因为人类进行了观测，而是因为实验设备无法产生出干涉纹。

初期的量子理论不仅吸引了物理学家，还吸引了哲学家参与其中，因为初期量子理论在讨论物理现象的时候无法忽视人类在其中发挥的作用。初期的量子理论认为，人类的观测行为会对物理的状态造成影响，但这似乎否定了客观的物理现象独立于人类而存在的自然观。

玻尔与海森堡对物理的哲学讨论曾经盛极一时，但现在已经鲜少有人提起了。在利用巨大的加速器进行的基本粒子实验中，可以通过漂移室（测量粒子位置的装置）和电磁热量计（测量粒子能量的装置）等传感器对基本粒子对撞引发的现象进行测量，计算机会自动对收集到的数据进行分析，完全不需要人类进行观测。

在 20 世纪初期，学界普遍认为像电子移动这样的量子理论的过程是无法观测的，人类能够获得的只有通过宏观的实验装置获得的少数数据，围绕对这些数据的解释出现了许多争论。

但现在随着观测设备的进步，有时候甚至可以对分子结合的过程进行实时的观测。在量子效应中，存在超流（液体在极低温的情况下顺着容器壁向上流动并溢出的现象）和迈斯纳效应（超导体出现完全反磁性的效果实现磁悬浮）等宏观的能够用肉眼观测到的效应。

通过迈斯纳效应，人们发现传导电子和原子振动的能量量子声子（参见 69 页）是实现超导的特殊量子状态（玻色—爱因斯坦凝聚）。因此，看到磁场内部冷却的物体飘浮起来，可以称得上是真正的量子观测，只不过仅凭观察无法得知对象受到了怎样的物理影响。

溶液变为特定的颜色，也是分子集中周围的离子使电子的能量发生变化而引起的量子效应。高中化学实验中常用的滴定方法，就是在持续滴落试剂时，颜色在某一阶段忽然发生变化，这说明浓度达到了临界值。有趣的是，在达到临界浓度之前，可以在试剂滴落的周边位置看到局部的颜色变化，这样就能预测到下一滴会达到临界浓度。这也是一个能够通过肉眼实时观测到溶液内部量子变化的实验。如果玻尔和海森堡还健在的话，他们会对这个实验给出什么解释呢？

实际上通过了哪个缝？

在双缝实验产生干涉纹的时候，想通过实验确定电子通过了哪个缝十分困难。因为加装观测用的装置，就会破坏干涉条件使干涉纹消失。

那么，这是否意味着“完全无法搞清楚产生干涉纹的量子理论过程”，“这种过程本身就没有客观的存在性”呢？答案也是否定的。一般情况下，干涉纹是波分别通过两个缝，在屏幕上相互干涉而产生的花纹。因此，在双缝实验中，电子的波分成 2 份，分别通过两个缝的主张是合理的。

或许有人会说“电子不可能分成 2 个”，这说明在他的头脑里，原子论的自然观已经根深蒂固。在量子场论中，并没有电子这种粒子，电子只有场。电子场中产生的波分成 2 份穿过缝也没什么好奇怪的。

当然，“电子数”也必须遵循守恒定律，只不过这里所说的电子数并不是“1 个、2 个……”的粒子个数。量子场论中的电子数，指的是将场的值以某种组合积分后的结果。积分是将各个地点的值相加的操作，在定义电子数的时候，并不是以 1 个粒子的存在为前提。

正如狄拉克所说，电子场拥有 4 种成分，其中 2 种拥有正电子数，另外 2 种成分作为电子的反粒子拥有负的电子数。假设在实验开始阶段电子数为 1，那么在随后的过程中，波的传递方式就会有限制，所有地点中的正值和负值相加为 1。这就是电子数的守恒定律，与原子论中个数的守恒定律完全不同。

在产生干涉纹的过程中，电子作为波动同时穿过两个缝，然后这两个波重新汇合产生干涉纹，所以即便将穿过两个缝的波区分开进行思考也无法准确地描述这个物理现象。因为这是全部相加等于 1 的现象，所以即便提出“究竟穿过了哪一个缝”的问题，在物理上也毫无意义。

干涉的过程是一个“历史”

在出现干涉纹的情况下，就不能认为电子只穿过了其中一个缝抵达屏幕。虽然电子由 4 种成分组成，仍然全都分成两份穿过缝。干涉纹就是分别穿过两个缝的波相互干涉的证明。

就像河水在流动的途中被岩石一分为二，之后再次合二为一。在这个时候，河水虽然暂时被分开了，但被分成两份的河水还是会被看作是一条河流。

同样，在双缝实验中即便按照时间顺序来分析电子的状态，包括在中途穿过两个缝的情况在内，也应该被看作是一个物理现象。曾经有人从哲学的角度提出，“因为无法确定电子穿过了哪个缝，所以人类无法讨论电子在抵达屏幕之前究竟发生了什么”。但这只不过是被“电子是粒子”的原子论的思想束缚而产生的偏见。如果从“电子是波，但在某些状况下也会表现出粒子的特性”这一量子场论的角度开看，即便无法确定电子穿过了哪个缝也没有任何矛盾。

在产生干涉纹的双缝实验之中，电子的波被一分为二，分别穿过两个缝之后又再次合二为一，这整个过程代表了一个完整的物理现象。像这样按照时间顺序描述的一个完整现象，可以从量子理论的角度称之为“历史”。

在量子理论中，无法描述电子以怎样的轨道运动。这并不是因为人类的智慧存在极限，也不是因为电子缺乏客观的存在性，而是因为电子是波，应该解释为“因为是波，所以没有轨道”。如果将作为波动的状态变化也包括在内进行描述的话，就可以用量子理论来解释“历史”。

20 世纪 70 年代就有许多物理学家提出过用量子理论来描述历史的主张。现在虽然还没有一个定论，但也已经得到了学界广泛的支持。其中最著名的当属罗伯特·格里菲斯在 1984 年提出的“一致性历史（consistent histories）”。针对类似于双缝实验那样的特定过程，他选用了对具体的时间变化进行描述的方法。在双缝实验之中，因为穿过两个缝的电子的波相互干涉，所以无法分别对其进行分析。两者合起来才是具有一致性的历史。将这个概念普遍化，就是认为可能受到干涉的局部过程，都应该被包含在整个的“历史”之中。

那么，互不干涉的过程又应该如何表现呢？为了解释这种“退相干”的现象，还需要有请薛定谔的猫再次登场。

没有干涉的历史就会出现分歧吗？

关于薛定谔的猫，在上一章中我们从“叠加状态是否稳定”的角度展开了讨论，但在讨论关于量子理论的“历史”这一问题时，应该关注的是猫开始发生状态变化之前的阶段。

利用种子的 β 衰变来控制毒气开关的时候，发生 β 衰变之后，质子、电子、反中微子的场中都产生了波，但在发生之前除了中子的场之外都没有波。在发生 β 衰变前后，表示波的算式的形式截然不同，要想让这两个算式叠加在一起并保持稳定是绝对不可能的。因此，在某一时刻发生 β 衰变的状态和没发生 β 衰变的状态，应该被看作是互不干涉的两个完全不同的历史。

说起“不同的历史”，可能会使人想到“第二次世界大战同盟国获胜的历史和轴心国获胜的历史”这种平行世界的理论。但量子理论中历史的数量，要比科幻世界中平行世界的数量多得多。

发生 β 衰变的情况下，会在短短的一瞬间出现历史的分歧。发生化学反应时，因为反应前后的状态互不干涉，所以在世界上每当有一个分子发生化学变化时，就会诞生出一个不同的历史。如果说这些不同的历史全都像平行世界一样真实存在，实在是让人难以想象。所以像 β 衰变和化学反应这样通过互不干涉的状态变化——退相干——来加以区分的历史，只是用算式描述的虚拟的历史，实际上只有其中的一个变为了现实。这种看法是比较合理的。

在以孤立的中子作为触发器的薛定谔的猫的情况下，将猫放入箱中 10 分钟之后的时候，猫活着的历史成为现实的概率为 50%。另外的 50%，是根据中子出现衰变的时间而产生分歧的无数个历史中任意一个成为现实的概率的总和。

如果是玻尔与海森堡理论的支持者，或许会认为“在箱子的盖子打开之前，猫处于量子叠加的状态，在人类打开盖子进行观测的一瞬间，叠加状态崩溃导致人类只能观测到一个事实”。但这种主张在物理学上是说不通的。

因为人类观测的行为本身就是一种量子理论的过程。视觉来自存在于视网膜的感光蛋白吸收光子发生的结构变化。与意识相关的神经兴奋也是由细胞膜内的巨大蛋白质（因为能够控制离子流，所以也被称为离子信道）产生的。这些都属于量子效应。因此，如果猫处于量子理论的叠加状态，那么人类也应该是观测到活猫的观测者与观测到死猫的观测者的叠加。

“包括观测者在内，所有的平行宇宙都真实存在”的解释虽然并非完全不可能，但实在是太脱离常识，所以并没有物理学家真正相信这一点。

用量子理论解释“历史”

根据上述的分析，量子理论的物理现象可以看作是遵循时间顺序连续变化的“历史”。相互干涉的过程，可以综合为同一个“历史”。因为退相干而产生分歧的过程不被看作是另外的“历史”，而是被看作只有其中一个变为了现实。如果从这个角度出发的话，在量子理论中发生的任何事都可以按照时间顺序来进行描述。

在海森堡的理论中，人类的观测会对物理现象的结果产生影响。但在完全超出人类想象的广阔宇宙之中，像尘埃一样依附在地球表面生存的人类真的扮演着如此重要的角色吗？这实在是让人难以置信。根据我个人的知识和经验，用是否存在干涉对量子理论的过程进行区分，在量子理论中是最为合理的解释。

第九章 既分离又纠缠？

在强调量子理论的非常识性时，最常被提起的就是“量子纠缠”现象。存在相互作用的两个量子理论的系统相互远离的时候，在各个系统中观测到的量的相关，与古典系统观测到的相关存在完全不同的性质。换个通俗点儿的说法，就像是科幻作品中出现的心灵感应一样，相隔很远的两个系统超越空间产生联系。如果这种联系真实存在，那么量子理论确实是超出了人类常识的神奇理论。

能够在一瞬间跨越空间的远隔作用，与场理论是存在矛盾的。场理论的前提是产生物理现象的场真实存在于空间的各个地点，而且在某个地点产生的物理现象只能对其相邻的场产生直接作用。这就是被称为“局部实在”的理论。遵循这一理论，要想对远方造成影响，必须通过路径上的场依次将影响传递过去。相隔极远的两个地点要想在一瞬间产生相互作用是不可能的事情。

在近代物理学之中也有承认远隔作用的理论。牛顿在 17 世纪提出的引力理论认为，存在于某地点的质量会在一瞬间对遥远距离之外的其他质量产生作用力。他的这一理论发表后，被认为远隔作用是天方夜谭的许多科学家批判，但谁也无法提出能够取而代之的理论。终于到了 20 世纪初期，爱因斯坦通过狭义相对论将牛顿的引力理论解释为近似于没有远隔作用的场理论。

根据狭义相对论的解释，传递引力作用的场，本身就是时间与空间一体化的时空。在某一地点存在能量的话，就会使其周围的时空产生扭曲的引力。当这个能量开始移动时，其产生的扭曲也会发生变化，并且依次传递到相邻的地点。不过这种传播的速度非常快，仿佛一瞬间飞跃了空间。

以场理论为基础构筑的量子场论也不承认远隔作用。那么，如同远隔作用真实体现的量子纠缠，难道是与量子场论相矛盾的内鬼吗？在本章中，我将为大家解开相关的误解，证明量子纠缠并不意味着量子理论的系统中存在远隔作用。

但关于量子纠缠，还有许多未解之谜，目前学界也存在许多意见分歧，所以我也无法给出定论。尤其是在本章的后半部分提到的“突破贝尔极限”的情况，只是我个人的推测。

什么是量子纠缠?

量子纠缠原本是爱因斯坦与波多尔斯基和罗森为了证明量子理论的不完备而在联名发表的论文《物理实在的量子力学描述能否认为是完备的？》中提出的现象，这个现象用三人名字的首字母被命名为 EPR 悖论。

爱因斯坦在与玻尔的论战中，反复提及“通过对存在相互作用的两个系统中的一方进行观测来确认另一方的状态”的思想实验。因为没有对关注对象进行直接的观测操作，也就不会出现海森堡的显微镜（参见第五章的图 5-1）所看到的“观测引发的干扰”。在 EPR 论文中提到的，就是其中一种思想实验，三人围绕这一实验展开了难以反驳的精密讨论。

爱因斯坦等人证明，在相互作用的影响下，特定量子状态的两个粒子表现出来的特性，就像是被远隔作用联系在一起一样。但因为远隔作用应该并不存在，这就说明量子理论的描述并不完备。

针对于此，玻尔立即创作了与 EPR 同样类型的一篇论文进行反驳。但玻尔的论文内容支离破碎，让人完全无法理解他究竟想说什么，因此后来遭到戴维·玻姆和约翰·斯图尔特·贝尔的猛烈批判。而泡利和海森堡则认为 EPR 对远隔作用的主张，与其说是对量子理论的批判，不如说是对量子理论的特性的指摘和解释，所以并没有提出反驳。

EPR 的讨论主要集中在粒子的位置与动量的关系上，在被分成两个的粒子中存在如下的关系，测量其中一方粒子的位置就能确定另一个的位置，测量其中一方粒子的动量就能确定另一个的动量。存在量子纠缠的情况下，与上述情况一样，本来就存在相互作用的两个系统分离时，测量其中一方的状态就能立即确定另一方的状态。这里的关键在于，进行初次测量时可以任意选择测量对象。在相距很远的两个粒子之中，对其中一方进行测量会影响到没有被直接测量的粒子的状态描述，这难免会使人认为在量子理论中存在远隔作用。

不过，在 EPR 论文中提到的实验，实际操作起来非常困难，而且也让人很难理解。

于是后世的研究者们开始思考应该采用什么类型的实验才能将 EPR 的讨论替换为易于理解的形式。研究的结果发现，仅凭单一的实验来分析量子纠缠是不够的，必须重复多次实验收集大量的数据用统计学的方法分析才行。

在新提出的 EPR 相关实验中最通俗易懂的就是测量光子偏光状态的

实验，玻姆对此进行了非常详细的分析。偏光指的是电磁场的振动朝特定的方向倾斜的状态。尤其是电场只朝着一个特定的方向振动的状态，被称为直线偏光。

如果像 EPR 论文中那样测量粒子的位置，就很容易给人留下“在这个位置上存在粒子”的感觉。但实际上测量的是“经过多次实验对位置进行测量时的统计数据”，这与“此处存在粒子”这个命题在物理上的意义截然不同。如果将光子的偏光状态作为测量对象，就不会被束缚在“粒子存在于何处”这一固有印象之中，使人更容易理解。

两个光子朝不同方向偏光时，对每个偏光状态的量子描述，在算式上与位置和动量的关系形式相同。因此，用偏光状态来替代位置与动量，也能论证 EPR 论文的正确性。

利用光来分析量子纠缠

玻姆提出了一个原子释放出两个同样偏光状态光子的情况。从理论上来说，当这两个光子远离到无法互相影响的时候，对各自的偏光状态进行观测的结果是能够计算出来的，只要将计算结果与实验数据进行对比即可。

为了便于大家理解，这里将偏光状态限定为直线偏光来进行说明。光是电磁场的振动在空间内部传导的波，直线偏光就是电场与磁场在与前进方向垂直的特定方向产生的振动。因为磁场与电场总是垂直相交，所以可以将电场的朝向看作是直线偏光的朝向。

在玻姆提出的这个情况之中，虽然两个光子在从原子中放出时是同样朝向的直线偏光，但具体的方向只有通过观测才能知道。一般情况下可以使用偏光板来进行观测。偏光板是表面分子按照一定的方向排列，

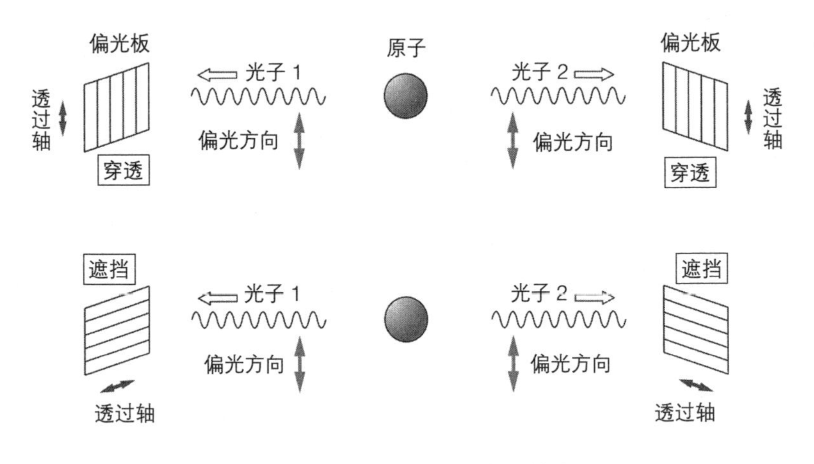

图 9-1 测量两个光子的偏光状态

只有设定好的直线偏光才能穿过的光学工具。穿过偏光板的偏光朝向被称为偏光板透过轴。用随机的光子照射偏光状态，会有 50% 的概率出现穿透或遮挡。

从静止的原子中释放出的同样朝向直线偏光的光子 1 和光子 2，分别照射在被调整为与透过轴的朝向平行的偏光板。在这个时候，根据量子理论的预测，如果其中一个光子穿透，那么另一个光子也能穿透，如果其中一个光子被遮挡，那么另一个光子也会被遮挡（图 9-1）。

通过实验来验证这一预测，只做一次实验是不够的。为了排除偶然的可能性，必须重复多次进行实验。实际进行的实验结果，与量子理论的预测结果完全一致。

使用与透过轴相同朝向的偏光板对偏光状态进行测量，与 EPR 在思想实验中利用两个粒子测量位置的方法是基本相同的。两个光子全都穿透与透过轴相同朝向的偏光板，替换成 EPR 的实验，就相当于测量的两

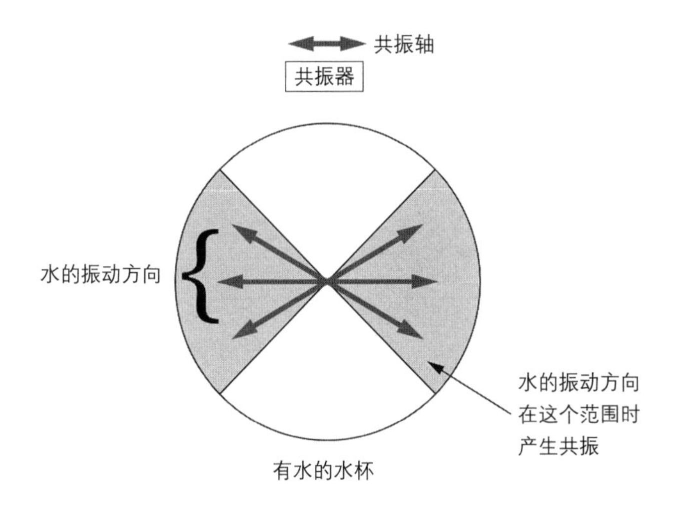

图 9-2　测量水的振动方向

个位置存在一定的关系。

关于偏光状态的这个结果其实也没有什么好奇怪的。光子 1 穿透偏光板的这一信息如同心灵感应般被传达给光子 2，不一定非要像穿透一样使偏光状态发生变化。

为了帮助大家理解偏光状态，请大家思考一下在圆形的水杯中水的振动情况（参见第七章的图 7-3）。将两个水杯放在一起，朝同样的方向振动后再将两个水杯分开，此时只需要观察其中一个水杯的振动情况就能知道另一个水杯的振动情况。这并不是因为观测结果在一瞬间传达到另一个水杯改变了其振动状态，只是因为两个水杯在一开始就以同样的方向振动而已。

为了使这个例子更近似于偏光的情况，我们不用肉眼观测水杯内水的振动情况，而是用观测用的共振器通过是否产生共振来测量振动方向。假设共振器的共振轴是固定的，水的振动方向与这个轴在 45° 以下的话就会产生共振（图 9-2）。在这个时候，准备两个共振轴平行的共振器对两个水杯的共振情况进行观测，可以得出两个水杯都在共振或者都没有共振的结果，这与偏光的情况十分相似。

观测结果会互相影响吗？

在物理学上最耐人寻味的是两个偏光板的透过轴并非平行，而是相互成一定角度的情况。带入 EPR 的思想实验之中，就相当于不测量其中一方粒子的位置而是测量动量。但 EPR 只假设了一次实验，玻姆考虑的则是在反复进行多次实验的情况下穿透与遮挡之间的统计结果。

在对两个现象的统计数据进行比较时，如果相互之间没有关系则叫作“不相关”，如果表现出同样的趋势则叫作“存在正相关”。在偏光状态中，如果透过轴之间的角度为 0，那么相同偏光状态的光子会同时穿透或者同时被遮挡。像这种两个现象完全相同的情况，相关系数为 1。相关系数是收集大量数据进行统计后计算得出的量，需要有非常严格的数学定义，但在这里我们只关注其定性的特性。

当透过轴之间的角度从 0 开始逐渐增加时，其中一个光子穿透而另一个光子被遮挡的情况就会逐渐增加，相关系数也会从 1 逐渐减少（图 9-3）。当达到某一时间点时，即便其中一个光子穿透，另一个光子被遮挡的概率也会达到 50%。这就相当于两者之间存在相关关系，相关系数为 0。

如果角度继续增加，其中一个光子穿透，另一个光子被遮挡的概率就越来越高，成为“负相关”的关系。当透过轴成直角的时候，其中一个光子穿透，另一个光子就肯定会被遮挡。像这样两个现象完全相反的时候，相关系数为 -1。

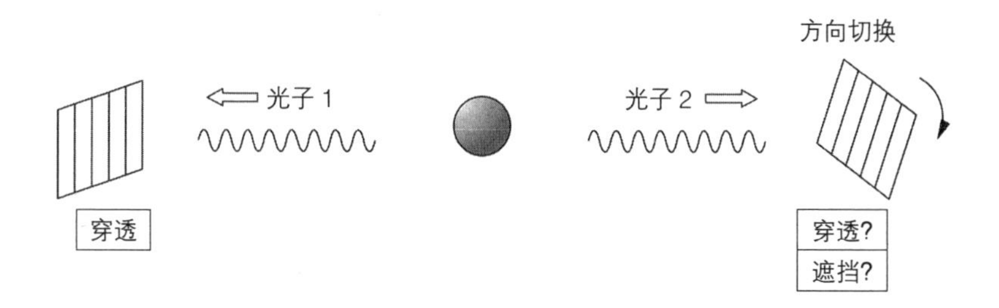

图 9-3　观测的偏光方向的切换

对于这种相关系数的变化，应该如何理解呢？玻姆认为，如果假设光子从原子中被释放出的时候是固定方向的直线偏光，就无法解释相关系数的变化。此外，他还考察了椭圆偏光等情况，也无法解释相关系数的变化。

但量子理论不会被玻姆的这个假设所束缚。直线偏光状态的光子并不是固定在一个方向振动，而是在不确定性原理的影响下，偏光的朝向无法确定。只要利用泡利等人构筑的偏光状态的量子理论，就能解释两个光子之间相关系数的变化。

统计后才知道的事情

在进行 EPR 和玻姆提出的实验时，如果假设“观测的物理量的值，在观测前就固定为一个值”，就会出现无法推导的相关关系。这种相关被称为 EPR 相关。科学家们通过许多实验实际观测到了 EPR 相关，其相关系数与量子理论预测的值相一致。

EPR 相关展示的物理状态就是量子纠缠，英语叫作“entanglement”。这本来指的是丝线缠绕在一起的状态，在量子理论中代表量子像丝线一样缠绕在一起。顺带一提，“纠缠”这个表述就是为了用量子理论来描述物理状态。其中一方的状态含有另一方状态的积，根据选择的基准，乘积的对象会变得非常复杂，所以用“纠缠”这个词来表述实在是再合适不过了。

在思考量子纠缠时，必须注意两个重点。

第一个是这种现象属于统计学的范畴。相关系数的值是通过无数次的测量之后计算出来的统计数据的特性。在有些解说书中，仿佛只通过一次实验就测量出是否存在量子纠缠，但实际上需要经过许多次实验收集进行统计之后，才能确认是否存在量子纠缠。

第二个是量子纠缠并不意味着像心灵感应那样的远隔相互作用。

量子纠缠不是心灵感应

利用原子释放出的两个光子进行的实验已经重复过许多次，测量结果也与量子理论的预测结果相同。但对其中一个光子进行观测的行为，并不会使另一个光子的状态产生因果关系的变化。关于这一点，已经通过使用光纤进行分离，用原子钟进行精密观测的实验证实了。

“对其中一方进行观测的瞬间，另一方就会发生变化”的解释与量子场论的原理是相互矛盾的。量子场论以“物理的相互作用无法以超越光速的速度传播”这一相对论的原理为基础，瞬间传递到遥远距离的相互作用是不可能存在的。如果存在那样的相互作用，就可以实现超光速通信，但科学家们进行过许多次关于 EPR 相关的实验，没有任何数据证明超光速通信的可能性。

事实上，如果只看两个光子的偏光状态展现出来的相关关系，即便不用量子理论，只用一个简单的模型也能反驳玻姆的观点。虽然玻姆提出如果假设在观测前偏光方向朝向特定的方向，就会出现与实验数据不同的结果，但可以通过设定“隐藏的变量”，去掉用观测到的物理量来确定值这一条件。

让我们回忆一下前面提到过的用共振器测量圆形水杯内驻波的振动方向那个实验。假设一开始两个共振器的共振轴都朝同样的方向，双方存在同时共振或同时不共振的相关系数为 +1 的相关关系。如果稍微改变其中一个共振轴的朝向，因为稍微超出了共振范围，所以可能出现其中一个共振而另一个不共振的情况（参见图 9-2）。在这种情况下，相关系数就会从 +1 减少。增加两个共振器之间共振轴的角度，相关系数就会连续减少。当角度达到 90° 的时候，两个水杯就会出现共振和不共振相反的关系，相关系数变成 -1。

使用共振器进行测量时，并不能通过共振器的共振轴方向确定水的振动方向。也就是说，“实际上水朝哪个方向振动”是无法观测的变量，通过这种“隐藏”变量的存在，就能对相关系数的变化进行说明。

在光子的情况下，如果不确定直线偏光的朝向，而是导入一个表示偏光范围的隐藏变量，就能够避免出现玻姆的否定理论。根据偏光范围决定是否能够穿透偏光板，也能够导出实验中出现的偏光状态的相关关系。

不过，贝尔在 1964 年发现了用这种简单的模型完全无法解释的情况。根据这一情况他提出了贝尔不等式。

贝尔不等式

玻姆采用的是将拥有相同偏光状态的两个光子远离，然后用这两个光子分别照射透过轴朝向特定方向的偏光板的实验。与之相对的，贝尔测量的是将偏光板的方向改变时的相关系数。结果他发现只要满足几个条件，相关系数的组合量一定在某个极限值以下。这个“相关系数的组合量在极限值以下”的大小关系就是“贝尔不等式”。

根据基于量子理论（不是量子场论，而是薛定谔与海森堡提出的量子力学）的计算，能够预测出突破贝尔极限的结果。1982 年，阿兰·阿斯佩进行的实验获得了与量子理论的预测相同的超出极限值的数据。后来科学家们又针对各种情况进行了许多实验，每一次的实验数据都证明量子理论预测的正确性。然而仅凭形式的计算无法得知在导出贝尔不等式的必要条件中，哪一个没有满足量子理论。

此处的关键在于，量子理论是尚未完成的理论。第八章中提到过的退相干的机制也并非严格定式化的内容。虽然学界普遍认为量子力学（粒子的量子理论）只不过是量子场论的近似理论，但对于化学反应之类的现象却完全无法用量子场论来进行解释。量子场论也无法解释在光照射偏光板的时候，定向的分子与电磁场究竟产生了怎样的相互作用才会出现穿透和被遮挡的情况。正因为有这些情况存在，所以对贝尔不等式不成立的原因进行讨论和思考，对搞清楚物理学的基础至关重要。

贝尔给出的突破极限的实验结果对于物理学来说有着怎样的意义呢？要想回答这个问题，就必须对推导贝尔不等式的条件进行分析。

第一个条件是“孤立物体的行动，取决于物体内部物理变量的范围”。物理变量就像是表示结晶内原子位置关系的变量一样，是根据状态改变的物理量。在变量的值不发生改变的理想观测条件下，观测结果也是由内部变量的范围决定的。

这一条件以“变量的值”决定物体行动这一真实存在的要素为前提。由于变量仅限于物体内部，所以这也就意味着并不存在能够穿越空间的

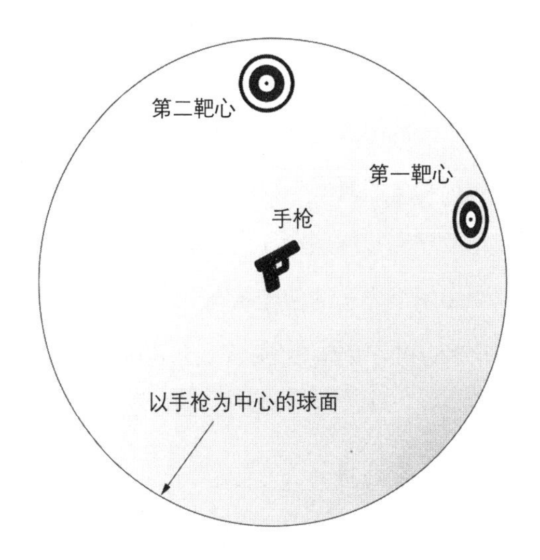

图 9-4　子弹命中靶心的概率

远隔作用。因此，这也可以看作是局部实在论的先决条件。

除了这个先决条件之外，还需要满足变量在特定范围内的概率（在物理学上的专业术语叫作“测度”）。

上述抽象的讨论可能有些难以理解，让我们来看一个具体的例子吧。在一个完全不考虑重力和空气阻力的环境中，向周围随意射击的手枪命中靶心的概率有多高呢（图 9-4）？假设以手枪的位置为中心，到靶心的距离为半径画一个球面，那么随意射出的子弹落在这个球面上任一点的概率都是相同的。因此，击中靶心的概率就应该是靶心面积除以球面面积的值。在靶心的面积与位置固定的情况下，这个值一定是正值。像这样概率为正值的性质也是概率论的大前提。

在多种状况结合在一起的情况下，需要用个别概率的和或差来计算概率。比如距离手枪相同距离存在两个靶心的情况下，子弹击中其中一个靶心的概率，需要用命中两个靶心的概率的和，减去命中靶心重叠部分的概率。这种利用和与差计算概率的方法也是概率论的基本。

只要假设“变量的范围决定观测结果”“变量存在于某范围的概率为正值”“多种状况结合的概率可以通过个别概率的和与差计算得出”的条件，就可以用数学算式的扁形导出贝尔不等式。贝尔提出的“改变偏光板的角度，观测两个光子的偏光状态”的实验，可以看作是多种状况的结合，利用概率的和与差就能推导出贝尔不等式。

没有答案的问题及其意义

因为贝尔计算的极限被打破了，所以在符合量子理论预测结果的现实世界之中，贝尔不等式的假设条件（或者因为过于理所当然而没有考虑进去的其他条件）不成立。如果“变量的范围决定观测结果”这个条件不成立的话，局部实在论也不成立。那么，明明相距很远的两个物质之间会有直接的联系吗?

虽然这个问题直到现在也没有正确的答案，但我个人感觉，关于概率的和与差的法则有可能会被打破。贝尔提出的实验并不是对相隔很远的两个光子的观测结果进行比较，而是通过改变偏光板的透过轴这一操作，将问题聚焦于同一个光子的两种物理量的关系上。因为没有以相隔很远的两个光子为对象，只是与自身相关的物理量，所以不能否认两者之间存在干涉的可能性。

一旦存在干涉，那么出现某种现象的概率就不能只用将这一现象看作个别过程时的概率的和与差来进行计算。在双缝实验中，电子抵达屏幕特定地点的概率并不是通过其中一个缝抵达屏幕的概率的和。因为从每个缝穿过的波相互干涉，使概率也产生变动。手枪子弹击中靶心的概率，也在靶心重叠的时候因为靶心相互之间的作用而使面积产生变化，导致无法用单纯的和与差来计算概率。

有的人过高地评估了突破贝尔极限的结果，认为在量子理论成立的现实世界之中，相隔很远的两个系统也存在像心灵感应一样的远隔作用。还有人认为突破贝尔极限意味着“打破了因果律”或者“并非客观实在”。

但打破贝尔不等式真的具有那么重要的意义吗？实际上报告的那些事例，仅限于极其特殊的实验结果。比如从原子释放出两个光子这种在自然界中没有多大意义的人为情况，而且并非直接观测的结果，只有在收集数据进行统计之后才能知道结果。考虑到这些情况，我认为 EPR 相关与量子纠缠，并不能称得上是关系到自然观基础的重大现象。

因此，即便突破了贝尔极限，也没必要将讨论扩大到远隔作用的有无、因果律以及客观实在的问题上。这只是存在于一切物理现象根源的量子理论的波动引发干涉，导致单纯使用和与差的概率计算不再准确而已。我个人认为，这种解释才是最为合理的。

结 语
真正的量子理论

量子理论经常被认为是描述违反常识的奇妙现象的理论。比如“薛定谔的猫”就被看作是脱离常识的现象。但正如本书第七章中提到过的那样，即便在量子理论的范围之内，活着的猫与死掉的猫叠加的状态在现实中也是不存在的。活着的猫与死去的猫存在于不同的“历史”之中，但只有一个历史会成为现实，遵循这一符合常识的解释，只能在猫活着或者死掉的状态二选一。能够实现叠加状态的，只有像超导圆环中电流顺时针状态与逆时针状态叠加的情况那样原本就不符合“电流是荷电粒子的流动”这一古典理论的领域。

量子理论并不是违反常识、无法理解的理论。量子理论只是认为在一切物理现象的根源都存在细微波动的思考方式。正是因为有这个波动的存在，世界才能获得稳定与秩序。被封闭的波形成驻波，才会产生拥有一定质量的基本粒子，原子的能量才是离散的值。重复波的模式的结晶形成宏观的物质，高分子呈现出的各种能量状态间的跃迁使得复杂精妙的生命现象成为可能。

实现量子效应的细微波动几乎不会在宏观的环境下出现。在我们的日常生活之中，只能通过太阳光线的衍射和雪的六角形结晶等极其有限的现象来间接地进行观测。而到了 20 世纪初期，随着技术的进步，科学家们接连发现了原子层面上的诸多现象，而这些现象几乎都不遵守宏观的物质法则。玻尔为了将这些新发现的现象与古典理论相结合而沉迷于哲学的思考。而深受 19 世纪确立的原子论自然观影响的海森堡和狄拉克则不断摸索“粒子遵循波的法则”的理论。

但不管从宏观还是微观的角度来看，如果将世界上产生的一切现象都解释为来自根源的波动，那么就不需要讨论晦涩难懂的哲学问题和内部存在矛盾的理论。爱因斯坦、薛定谔、约尔当等人前赴后继建立起来的量子场论就为只有波动存在的一元论的世界观提供了理论依据。

量子理论之所以晦涩难懂让人难以理解，恐怕就是海森堡和狄拉克基于抽象的数学理论推进系统化的缘故。海森堡在自己与玻恩和约尔当联名发表的论文中对三人发现的“对易关系”展开了系统化的讨论，狄拉克也在不同的方向推进自己的研究。最后是被称为 20 世纪最杰出数学家的约翰·冯·诺依曼利用一个叫作希尔伯特空间的抽象数学工具才终于完成了量子理论的体系。

但用数学体系准确地描述物理现象，实在是让人难以置信。第五章中提到的对易关系也没有任何证据能够证明其原理的正确性。对易关系还扩展到量子场论的领域，成为被称为“正则量子化”的缜密方法的出发点。但如果换个角度，也可以将其解释为去掉了波的性质的关系式。在量子场论之中，如果用文字来表示对易关系的内容，可以解释为“某一瞬间场的强度，与其之前的强度之间存在特定的关系”。如果将其考虑为在场中产生了某种类型的波，就能自然而然地导出这一性质。这种性质适合作为理论体系的出发点吗？让人难免有些怀疑。

以抽象的数学理论为基础展开的讨论，存在的最大问题就是很难具体地想象“究竟发生了什么”。如果只用算式进行思考，就很难向不了解量子理论体系的人通俗易懂地解释“为什么原子在特定的能量状态下能够保持稳定”“在双缝实验中电子怎样运动”等问题。

在理论物理学界，有一派人认为数学体系是最合理的。他们希望从简单的算式表示的原理出发，利用数学的缜密手法展开讨论，解释一切的物理现象。我将这种思考方法称为物理学原理主义。但我并不赞成这种思考方法，因为一旦坚持原理主义的方法论，就会被束缚在数学的框架之内，导致无法认清事物的本质。

最能体现物理学原理主义弊端的例子，当属近年来“超弦理论”的兴衰。

超弦理论作为超越基本粒子标准模型的理论，自从 20 世纪 80 年代开始就备受关注。超弦理论认为，在物质的根源存在拥有一维广度的弦，最初这个理论的数学限制非常严格，让人难以直观地理解其内容。比如为了保证理论的整合性，时空的维度数量不是我们熟悉的时间 1 个维度加上空间 3 个维度总共 4 个维度，而是必须有 10 个维度。但对于“为什么有 10 个维度”这个问题，超弦理论的信众却无法给出令人信服的回答，只能回答说“根据这一理论进行计算时只有这样才能合乎逻辑”。

作为一个完全脱离实验数据的理论，因为只需要根据作为出发点的算式就能导出许许多多的结论，所以科学家们发表了许多关于超弦理论的论文。与其他理论需要实验家与理论家相互合作解释物理现象不同，研究超弦理论的都是对实验毫无兴趣的数理科学家。在他们的论文之中充斥着大量的算式，堪称数字的洪流。

市面上还出现了许多关于超弦理论的科普读物。仿佛超弦理论就是引领 21 世纪理论物理学的先锋。许多知名大学的基本粒子论研究室也大多被超弦理论的研究者所占据。

但这一趋势在进入 21 世纪之后迅速衰退。因为直到今天，科学家们仍然没有发现任何能够支持超弦理论的实验数据。这也意味着超弦理论无法对现在任何一个物理现象的机制进行解释。在 20 世纪 90 年代，超弦理论还被看作是能够解释一切物理现象的“万物理论”，但现在就连超弦理论与自然界的根源法则是否存在联系都令人生疑。只有个别作为研究的副产物发现的数学定理，可能在量子信息理论领域得到一些应用的程度而已。

超弦理论究竟问题出在哪里呢？答案就在于其过度依赖算式。要想搞清楚物理现象的机制，首先应该关注的就是实际的现象本身。

20 世纪 70 年代研究强子（质子、中子与介子等的统称）的基本粒子论研究者们利用加速器使基本粒子相互高速碰撞，观测由此引发的反应，以此来探索质子和中子的内部结构。介子像弦一样呈延伸结构的弦理论、只要不断提高解析度就能不断发现新的组成要素的部分子模型、利用群论解释存在许多种基本粒子原因的杨 - 米尔斯理论等都是通过这些实验发现的。大规模的实验设备带来的大量实验数据，帮助人类发现了许多仅凭人类的智慧难以捕捉到的现象。不管多么天才的物理学家，要想提出一个理论就能够解释所有现象的完美理论都是不可能的。挑战强子谜团的物理学家们只能通力合作，将各自提出的理论组合起来，终于找到了基本粒子的标准模型这一最佳的解决方案。

但超弦理论在作为出发点的数学框架上规定了严格的限制，之后就只能通过对算式的操作来进行研究。这种完全无法通过实际的物理现象获得信息的方式，正是导致超弦理论走入死胡同并最终遭到抛弃的原因，可以说是物理学原理主义的方法论失败的绝佳例证。

以海森堡为中心构筑起来的正则量子化的方法，也是和超弦理论很接近的原理主义方法论。只不过在量子理论中，相关的实验非常丰富，所以能够开发出有助于直观进行理解的其他方法。

“路径积分法”是与正则量子化相对抗的方法。这个方法最早是理查德·费曼在 1949 年提出来的，后来又经过许多物理学家的改良和完善。正则量子化使用抽象的数学工具来进行描述，用微分方程表示状态变化，与之相对的，路径积分法的基础是波的叠加，用积分取代微分。

路径积分法与依赖于微分方程的理论完全不同，不会严格地决定接下来的一瞬间会发生什么，而是从可能发生的诸多变化之中，自然选择稳定性最高的路径，就像在不同折射率的媒介中前进的广播会遵循费曼定理选择光学距离上最近的路线一样。

这个方法的缺点在于，无法像正则量子化那样得出准确的数字。因此经常遭到原理主义者们的批判。但与僵硬的正则量子化不同，路径积分的世界不管遇到什么状况，都能在不出现奇点（理论出现破绽的特异点）的状态下灵活应对。如果只是形式主义地运用微分方程，可能会导出活着的猫和死掉的猫叠加的结果，但在路径积分法中就没有这种自相矛盾的理论。因为对此进行解释说明需要涉及非常专业的数学知识，所以我就不做具体的介绍，但认为一切物理现象都由波动产生这一路径积分法的基本思路，是贯穿本书的理论依据。

量子理论是证明存在于根源的细微波动的相互反射使世界发生灵活变化的理论。共振模式的驻波形成世界的秩序，使生命等复杂的现象成为可能。

这就是我个人认为的“真正的量子理论”。

【作者简介】

吉田伸夫

1956年出生于日本三重县。

毕业于东京大学理学部，取得东京大学大学院博士学位。

理学博士，专业为基本粒子论（量子色动力学）。

在科学哲学与科学史等广泛的领域展开研究。

运营官方网站“科学与技术的诸相”（http://scitech.raindrop.jp/）

著作有

◉《明解量子引力理论入门》《明解量子宇宙论入门》

◉《完全自学相对论》《宇宙有“尽头”吗》

◉《时间从何而来，为何流动》《光之场、电子之海》

◉《基本粒子论为何晦涩难懂》《量子论为何晦涩难懂》

◉《科学为何晦涩难懂》《解开这个世界的谜团 高中物理再入门》